ADDITIONS

AU

COURS DE GÉOMÉTRIE DESCRIPTIVE.

OUVRAGES SUR LA GÉOMÉTRIE DESCRIPTIVE

PUBLIÉS

PAR M. THÉODORE OLIVIER.

I. **COURS DE GÉOMÉTRIE DESCRIPTIVE** (1844) :

PREMIÈRE PARTIE. Du point, de la droite et du plan ; in-4 de 325 pages, avec un atlas de 42 pl. in-4.

DEUXIÈME PARTIE. Des courbes et des surfaces, et en particulier des courbes et des surfaces du 2ᵉ ordre; in-4 de 400 pages, avec un atlas de 54 pl. in-4.

II. **ADDITIONS AU COURS DE GÉOMÉTRIE DESCRIPTIVE** (1847) : Démonstration nouvelle des propriétés principales des sections coniques; in-4 de 100 pages, avec un atlas de 15 pl. in-4.

III. **DÉVELOPPEMENTS DE GÉOMÉTRIE DESCRIPTIVE** (1843); in-4 de 450 pages, avec un atlas in-4 de 27 pl.

IV. **COMPLÉMENTS DE GÉOMÉTRIE DESCRIPTIVE** (1845), in-4 de 472 pages, avec un atlas de 58 pl. in-folio.

V. **APPLICATIONS DE LA GÉOMÉTRIE DESCRIPTIVE** aux ombres, à la perspective, à la gnomonique et aux engrenages (1846) ; in-4 de 415 pages, avec un atlas de 58 pl. in-folio.

VI. **THÉORIE GÉOMÉTRIQUE DES ENGRENAGES** destinés à transmettre le mouvement de rotation uniforme entre deux axes situés ou non situés dans un même plan (1842); in-4 de 125 pages, avec 4 pl. dont une in-folio.

PARIS —IMPRIMERIE DE FAIN ET THUNOT,
Rue Racine, nᵒ 28, près de l'Odéon.

ADDITIONS

AU

COURS DE GÉOMÉTRIE DESCRIPTIVE.

DÉMONSTRATION NOUVELLE

DES PROPRIÉTÉS PRINCIPALES DES SECTIONS CONIQUES.

PAR M. THÉODORE OLIVIER,

ANCIEN ÉLÈVE DE L'ÉCOLE POLYTECHNIQUE ET ANCIEN OFFICIER D'ARTILLERIE; DOCTEUR ÈS SCIENCES DE LA FACULTÉ DE PARIS;
ANCIEN PROFESSEUR ADJOINT DE L'ÉCOLE D'APPLICATION DE L'ARTILLERIE ET DU GÉNIE MILITAIRE A METZ;
ANCIEN RÉPÉTITEUR A L'ÉCOLE POLYTECHNIQUE;
PROFESSEUR DE GÉOMÉTRIE DESCRIPTIVE AU CONSERVATOIRE ROYAL DES ARTS ET MÉTIERS;
PROFESSEUR-FONDATEUR DE L'ÉCOLE CENTRALE DES ARTS ET MANUFACTURES;
MEMBRE DE LA SOCIÉTÉ PHILOMATHIQUE DE PARIS ET CENSEUR DE LA SOCIÉTÉ D'ENCOURAGEMENT POUR L'INDUSTRIE NATIONALE;
MEMBRE ÉTRANGER DES DEUX ACADÉMIES ROYALES DES SCIENCES ET DES SCIENCES MILITAIRES DE STOCKHOLM;
MEMBRE CORRESPONDANT DE LA SOCIÉTÉ ROYALE DES SCIENCES DE LIÉGE ET DE LA SOCIÉTÉ ROYALE D'AGRICULTURE ET ARTS UTILES DE LYON;
DES ACADÉMIES DE METZ, DIJON ET LYON;
OFFICIER DE LA LÉGION D'HONNEUR ET CHEVALIER DE L'ORDRE ROYAL DE L'ÉTOILE POLAIRE DE SUÈDE.

PARIS.

CARILIAN-GŒURY ET Vve DALMONT, ÉDITEURS,

LIBRAIRES DES CORPS ROYAUX DES PONTS ET CHAUSSÉES ET DES MINES,

Quai des Augustins, n°s 39 et 41.

1847

PRÉFACE.

Dans ce nouvel ouvrage sur la géométrie descriptive, que je livre à l'examen de ceux qui aiment et cultivent avec intérêt la science de l'espace figuré, je me suis proposé deux buts que j'exposerai un peu plus loin.

Ainsi qu'on le sait, j'ai appuyé, dans le *Cours de géométrie descriptive* publié en 1844, toutes les propriétés des sections coniques sur les théorèmes que l'on doit à MM. Quetelet et Dandelin (*); ces théorèmes sont relatifs aux *foyers*, à la *tangente* et aux *focales*.

Les démonstrations données par les deux savants géomètres de Belgique sont d'autant plus remarquables, qu'outre leur simplicité et la facilité avec laquelle les trois sections coniques se trouvent soumises à un même mode de *recherche géométrique*, elles sont comme un *reflet* de la géométrie *antique*. Et en effet, il est impossible de ne pas se dire, après avoir lu leurs mémoires imprimés dans les Actes de l'académie de Bruxelles, que les géomètres anciens auraient pu dire tout ce qu'ils ont dit, attendu que les anciens géomètres savaient et connaissaient parfaitement bien tous les théorèmes qui conduisent MM. Quetelet et Dandelin à démontrer, ainsi qu'ils l'ont fait :

1° Que la sphère inscrite à un cône droit (ou de révolution) et à un plan sécant touche ce plan en le foyer de la conique, section faite dans le cône par ce plan ; ou, en d'autres termes et par déduction, que pour une section conique à deux foyers la somme ou la différence des rayons vecteurs est constante;

2° La propriété des directrices, propriété qui appartient aux trois courbes, en remarquant que la parabole n'a qu'une seule directrice;

(*) Nous sommes dans l'habitude de désigner ces théorèmes sous le nom de théorèmes de MM. Quetelet et Dandelin ; mais il ne faut pas oublier que c'est à M. Dandelin que l'on doit le théorème des *foyers* et des *tangentes* ; un peu plus tard M. Quetelet démontra la propriété des *focales*, en se servant de la sphère inscrite au cône droit et au plan sécant, mode de démonstration que l'on doit à M. Dandelin.

Je viens d'apprendre la mort de M. Dandelin; c'est une perte bien regrettable pour la géométrie qu'il cultivait avec un grand talent. M. Dandelin, colonel du génie belge et membre de l'académie royale des science de Bruxelles, est décédé en mars 1847.

3° La propriété dont jouit la tangente à une section conique, savoir qu'elle divise en deux parties égales l'angle des deux rayons vecteurs;

4° L'existence des courbes *focales* et les propriétés géométriques dont elles jouissent.

Car toutes ces propriétés fondamentales des sections coniques sont démontrées par MM. Quetelet et Dandelin, en s'appuyant sur ce que :

1° Un cône droit est tangent à une sphère suivant un cercle;

2° Un plan tangent en un point d'une sphère contient les tangentes à tous les cercles, grands ou petits, tracés sur la sphère et se croisant en ce point;

3° Les tangentes menées par un point extérieur à une sphère sont égales; et les tangentes menées à un cercle et par un point pris sur le plan de ce cercle sont égales;

4° Le plan tangent à un cône de révolution, suivant une génératrice droite, contient les tangentes aux courbes *planes* tracées sur le cône et se coupant en un point de la génératrice de contact.

Cette dernière propriété n° 4 était connue des géomètres grecs, mais ils ne s'en sont point servis dans leurs recherches géométriques, tandis que les géomètres modernes ont fait un emploi fréquent du plan tangent; et nous devons aussitôt ajouter à ce qui précède : la propriété du plan tangent en un point d'un cône était connue des géomètres avant l'invention admirable due à DESCARTES, et ainsi avant l'application de l'algèbre, ou de l'*analyse*, à la géométrie; quelques géomètres s'en sont servis dans leurs recherches; mais ce n'est qu'après DESCARTES, et en se servant de l'analyse *infinitésimale* appliquée à la géométrie, que l'on a démontré que le plan tangent en un point d'une surface quelconque, contenait les tangentes à toutes les courbes qui, tracées sur cette surface, se croisent au point considéré (*), et c'est depuis cette époque que l'emploi du plan tangent est devenu familier dans les recherches géométriques.

(*) 1° Les anciens géomètres devaient savoir que le plan tangent contenait les tangentes à tous les cercles qui, tracés sur la surface d'une sphère, se croisaient en un point.

Et en effet, les anciens géomètres disaient :

La tangente en un point du cercle est perpendiculaire au rayon passant par ce point;

Le plan tangent en un point d'une sphère est perpendiculaire au rayon passant par ce point.

Et ils démontraient que la tangente au cercle et le plan tangent à la sphère, définis ainsi qu'on vient de le dire, étaient tels que la tangente et le cercle, que le plan tangent et la sphère, n'avaient qu'un seul point en commun, qu'ils appelaient point de contact; et ils démontraient que telle était la relation de position entre le cercle et sa tangente, entre la sphère et son plan tangent en un point m, en démontrant que si l'on menait par le centre o du cercle ou de la sphère, une oblique au rayon $\overline{om}$, et coupant le cercle en un point x et sa tangente en un point y, ou coupant la sphère en un point x et son plan tangent en un point y, on avait toujours : $\overline{ox} < \overline{oy}$.

De cette proposition, les anciens géomètres pouvaient très-facilement arriver à la conséquence suivante,

Ainsi, nous pouvons dire que les géomètres anciens, et surtout ceux qui vivaient du temps de DESCARTES, auraient pu donner les démonstrations géométriques que nous devons à MM. Quetelet et Dandelin, et dès lors nous avons pu dire en toute vérité que ces démonstrations étaient comme un *reflet* de la géométrie antique, *reflet* vraiment remarquable.

Toutefois, les solutions géométriques de MM. Quetelet et Dandelin ne me satisfaisaient pas, parce qu'elles n'étaient pas dans l'esprit de la géométrie descriptive, qui seule mérite le nom de *géométrie moderne*.

Lorsque je me proposai d'écrire sur la géométrie descriptive, avec des *vues* que je puis dire nouvelles, quoiqu'elles ne fussent réellement que la continuation de

---

savoir : que si par un point m d'une sphère S on faisait passer un plan tangent T et une suite de plans sécants P, P′, P″,... coupant la sphère S suivant des cercles C, C′, C″,... et le plan T suivant des droites θ, θ', θ'',... les droites θ, θ', θ'',... étaient respectivement tangentes en le point m aux cercles C, C′, C″,... car ils savaient que si du centre o de la sphère S on abaissait des perpendiculaires R, R′, R″,... sur les plans P, P′, P″,... ces normales perçaient ces plans en des points r, r', r'',... qui étaient les centres respectifs des cercles C, C′, C″,... et que les droites θ, θ', θ'',... étaient respectivement perpendiculaires aux plans (m, R), (m, R'), (m, R''),... en sorte que les droites θ, θ', θ'',... étaient respectivement perpendiculaires aux rayons $\overline{mr}$, $\overline{mr'}$, $\overline{mr''}$,... des cercles C, C′, C″,... et que dès lors ces droites θ, θ', θ'',... étaient les tangentes respectives des cercles C, C′, C″,... pour le point m.

2° D'après le mode de démonstration alors adopté, les anciens géomètres pouvaient démontrer très-facilement que le plan tangent T en un point m d'un cône droit Δ ou d'un cône oblique Δ' à base circulaire, contenait les tangentes à toutes les courbes planes qui, tracées sur ce cône Δ ou Δ', se croisaient au point m.

Et en effet :

Désignant par C le cercle base du cône droit Δ ou du cône oblique Δ', par s le sommet de ce cône, on savait que tout plan X parallèle à la base coupait le cône suivant un cercle δ; par conséquent faisant passer le plan X par le point m, on avait pour section dans l'un ou l'autre cône un cercle δ, et l'on savait que la droite qui unissait le sommet s du cône et le centre o du cercle base C, coupait le plan X en un point d, centre du cercle δ.

Dès lors, menant par le sommet s et le point m une droite, on avait une génératrice droite du cône Δ ou Δ', laquelle coupait le cercle base C en un point n, et les rayons $\overline{on}$ et $\overline{dm}$ des cercles C et δ étaient évidemment parallèles; dès lors les tangentes t en n au cercle C et θ en m au cercle δ étaient parallèles; dès lors les trois droites t, θ et $\overline{sm}$ étaient dans un même plan T, qui était dit plan tangent en m au cône Δ ou Δ'.

Cela dit :

Si le plan T coupait par hasard le cône Δ ou Δ' en d'autres points que ceux situés sur la génératrice droite $\overline{sm}$, dite génératrice de contact, en désignant ce point par x, on pouvait mener par ce point x un plan Y parallèle au plan X et coupant le cône Δ ou Δ' suivant un cercle δ', et la génératrice $\overline{sm}$ en un point m' et le plan T suivant une droite θ', et la droite $\overline{so}$ en un point d', centre du cercle δ'; par conséquent, la droise θ' étant perpendiculaire à l'extrémité du rayon $\overline{d'm'}$ du cercle δ', ne pouvait couper ce cercle en un point x autre que le point m'.

Cela posé :

Menant par le point m un plan oblique quelconque Z, il coupait le cône Δ ou Δ' suivant une conique $\mathcal{C}$, et le plan T suivant une droite λ qui, d'après ce qui précède, ne pouvait avoir en commun avec

celles de Monge, fondateur de cette science (*), je dis en 1831 à M. Quetelet, que je *baserais* toutes les recherches touchant les propriétés géométriques des sections coniques et des surfaces du second ordre sur les *théorèmes belges*, c'est-à-dire sur le mode de démonstration employé par lui et M. Dandelin (mon ancien camarade à l'École polytechnique), pour la *manifestation* des propriétés principales des sections coniques.

C'est ainsi que j'ai procédé dans la rédaction de l'ouvrage que j'ai publié sous le titre : *Cours de géométrie descriptive.*

Mais tout homme impartial reconnaîtra sans peine, qu'à part les théorèmes relatifs aux *foyers*, à la *tangente* (divisant l'angle des deux rayons vecteurs en deux

---

la courbe $\mathfrak{C}$ d'autres points que le point m, et d'après la définition adoptée la droite λ était bien la *tangente* au point m à la conique $\mathfrak{C}$.

Mais, en partant de la définition de la tangente, savoir : que c'était une droite qui n'avait en commun avec une courbe qu'un seul point, les anciens géomètres pouvaient bien démontrer le théorème relatif au plan tangent en un point d'une sphère et en un point d'un cône droit où d'un cône oblique à base circulaire, tant qu'ils ne considéraient que des courbes planes tracées sur ces surfaces; mais ils ne pouvaient pas démontrer que le plan tangent contenait les tangentes à toutes les courbes à double courbure tracées sur les surfaces coniques et sphériques et se croisant au point de contact; et à plus forte raison ils ignoraient que cette propriété du plan tangent existait pour toutes les surfaces, quel que fût leur mode de génération.

Pour arriver à la démonstration du théorème général énoncé ci-dessus, il fallait que la géométrie entrât dans une voie nouvelle et fût amenée à considérer une courbe comme étant la limite d'un polygone, dont les côtés pouvaient devenir *indéfiniment* petits; en sorte que l'on pouvait, dans les recherches géométriques, remplacer et rigoureusement une courbe par un polygone d'un nombre infini de côtés, chaque côté étant infiniment petit, ce polygone prenant le nom de polygone infinitésimal.

Si les géomètres anciens ont quelquefois employé les considérations de *l'espace* pour résoudre certains *problèmes-plans*, et ainsi, si pour résoudre un problème relatif à des lignes tracées sur un plan, ils ont considéré un système de lignes qui, situées dans l'espace, donnaient pour projection le système plan proposé, ils n'ont jamais employé la considération du plan tangent, parce qu'à ce sujet leurs connaissances géométriques étaient très-bornées; c'est ainsi qu'Archimède vit bien que sa spirale était la projection sur un plan de la spirale à double courbure, qui était l'intersection d'un cône droit et d'un filet de vis carrée, mais il ne put pas, et ne pouvait pas, trouver la construction de la tangente en un point de sa courbe plane, en la déduisant de la construction de la tangente en un point de la courbe à double courbure, parce que s'il connaissait le plan tangent en un point du cône droit, il ignorait la construction du plan tangent en un point de la surface gauche.

(*) Je puis dire que mes *vues* en géométrie descriptive étaient nouvelles, car tous les savants qui ont écrit après Monge sur cette science, ont toujours considéré la géométrie descriptive comme n'étant propre qu'à construire les *résultats géométriques* donnés par l'*analyse*; donnés par la géométrie des anciens, ou donnés par la méthode de l'involution de six points (propriétés géométriques très-restreintes, très-limitées, puisqu'elles ne peuvent s'appliquer qu'aux sections coniques), cette méthode est due à Desargues (citoyen lyonnais); après lui Carnot en fit de très-remarquables applications; ou donnés par la méthode plus générale, dite : *des proportions harmoniques*, employée par Lahire et dont plusieurs géomètres se sont servis avec succès dans ces derniers temps.

parties égales), aux *directrices* et aux *focales*, toutes les autres propriétés des courbes du second ordre, et en général toutes les recherches géométriques touchant les autres courbes et les surfaces diverses dont on a étudié les propriétés dans l'ouvrage dont il s'agit, sont établies d'après les vrais principes de la géométrie descriptive, tels que Monge nous les a enseignés, principes qui sont *tout autres* que ceux enseignés par les géomètres anciens.

Car si l'on veut réfléchir un instant sur les méthodes des anciens géomètres, on verra bientôt qu'elles s'appliquaient essentiellement aux problèmes de *relations métriques;* les anciens n'avaient pas compris et n'avaient pas connu la science des *relations de position;* or cette science est précisément celle que Monge a nommée *géométrie descriptive.* La géométrie des relations de position est due aux géomètres modernes, et c'est celle que j'ai désignée ci-dessus par le nom de *géométrie moderne* (*).

Et lorsque je dis que les anciens géomètres n'avaient pas connu la géométrie descriptive, je ne veux pas dire qu'ils n'ont jamais employé des méthodes analogues à celles de la géométrie descriptive pour la solution de certains problèmes traités par eux. Mais autre chose est d'employer une méthode particulière pour la solution de quelques problèmes du même genre, et autre chose est de faire de cette méthode un moyen de recherche pour un grand nombre de questions géométriques, et surtout de déterminer les genres de questions géométriques qui sont du domaine de cette méthode.

Or c'est ce que Monge a fait, et personne ne peut le nier; personne ne peut mettre en doute que Monge ne comprît parfaitement la puissance de sa méthode géométrique, la *méthode des projections*, quoiqu'il n'ait pas publié tout ce qu'il lui devait pour les recherches qu'il nous a données sous une autre forme dans son grand ouvrage sur l'analyse appliquée à la géométrie; car Monge dit positivement, dans l'ouvrage qui a pour titre : *Développements sur l'enseignement adopté pour l'école centrale des travaux publics,* et qui a été imprimé par ordre du comité de salut public:

« *De la géométrie descriptive.*

» La géométrie descriptive est une langue nécessaire et commune à l'homme de » génie qui conçoit un projet, aux artistes qui doivent en diriger l'exécution, et » aux ouvriers qui doivent l'exécuter. Cette langue, susceptible de précision, a » encore l'avantage d'être un moyen de rechercher la vérité et d'arriver à des ré» sultats inconnus; comme toutes les autres langues, elle ne peut devenir familière

(*) Les Allemands donnent à la géométrie descriptive le nom de *géométrie française.* Pour eux, la connaissance complète de cette science date de 1815.

» que par l'usage habituel ; ainsi, pendant les trois années que durera le cours » d'instruction dans l'école centrale des travaux publics, les élèves la pratiqueront » continuellement. »

Ainsi, on ne peut nier que Monge ne regardât la *méthode des projections*, en un mot la *géométrie descriptive* (*), comme pouvant conduire à la découverte et à la démonstration de vérités géométriques nouvelles.

Mais écoutons ce que dit Carnot dans son rapport (**) lu le 23 mars 1812, à la classe des sciences physiques et mathématiques de l'Institut, sur l'ouvrage de Hachette, ayant pour titre : *Supplément à la géométrie descriptive de* Monge.

« Le but de la géométrie descriptive est de représenter sur des surfaces planes » qui n'ont que deux dimensions, les objets qui en ont trois, et réciproquement » de retrouver la forme de ces objets à trois dimensions, d'après les dessins qui les » représentent sur ces surfaces planes.

» Le moyen qu'on emploie pour y parvenir consiste à faire sur ces plans les » projections des corps proposés.

» La science des projections, en général, se divise en deux branches, dont l'une » est l'exécution raisonnée mais purement graphique de ces projections, et l'autre » est leur théorie purement analytique.

» Quoique ces deux branches de la même science ne soient, à proprement » parler, que deux méthodes différentes de traiter les mêmes questions, leurs pro- » cédés respectifs ont entre eux si peu d'analogie apparente, que l'identité constante » de leurs résultats forme des rapprochements continuels dont on ne peut s'em- » pêcher d'être frappé. On admire la correspondance intime de deux sciences qui » vont toujours d'un pas égal, dont l'une, n'employant jamais le calcul, semble » être entièrement du domaine de l'imagination, et dont l'autre, ne tirant du fond » de la question que les données strictement nécessaires pour l'expression algé- » brique des conditions proposées, laisse ensuite à l'analyse la plus abstraite, la » plus dégagée de toute autre considération, le soin de dénouer successivement » toutes les difficultés, et de ramener enfin aux résultats les plus élémentaires que » puisse comporter la nature de la question.

» Cet accord imperturbable de ce que l'analyse a de plus transcendant avec ce » que la synthèse offre de plus simple et cependant de plus subtil, donne la satis-

(*) Dans les *Développements sur l'enseignement*, adopté pour l'École centrale des travaux publics, Monge a dit encore : *L'art de décrire les formes et les positions des objets, consiste à exprimer d'une manière complète, sur des dessins qui n'ont que deux dimensions, les objet qui en ont trois. Parmi ces objets, les uns ont des formes susceptibles d'une définition rigoureuse; les procédés pour les décrire sont soumis à des règles certaines, et composent ce qu'on peut appeler la* GÉOMÉTRIE DESCRIPTIVE.

(**) Imprimé dans la Correspondance de l'École polytechnique, tome III, page 231.

» faction de voir deux théories, si disparates au premier aspect, se confirmer cependant l'une par l'autre, s'expliquer, se généraliser réciproquement; l'une, en un mot, former des tableaux qui parlent aux yeux, tandis que l'autre s'occupe à les décrire aussi fidèlement qu'exactement dans la langue qui lui est propre. »

Peut-il rester, après avoir lu ces pages écrites par Monge et par Carnot, le moindre doute dans l'esprit de tout homme de bonne foi ?

Oui, Monge et Carnot ont tous deux regardé la géométrie descriptive comme une science, et comme une science d'une utilité incontestable; oui, Monge et Carnot, ont tous deux pensé que la méthode des projections pouvait conduire à rechercher et à démontrer des vérités géométriques encore inconnues.

Depuis 1815, Monge et Carnot étant tous les deux proscrits, tous les deux exilés de l'*Institut de France*, de cette France, leur patrie, qu'ils avaient tous deux si bien servie, la puissance de la méthode des projections et l'utilité comme science de la géométrie descriptive ont été méconnues et niées; mais il faut le dire, ce fut par des hommes très-savants, sans nul doute, mais, qui n'avaient point passé par les services publics, qui n'avaient point été ingénieurs, ou qui n'avaient fait que traverser l'École des ponts et chaussées et celle des mines, pour s'adonner tout entiers à l'étude purement philosophique, purement spéculatrice des sciences, et qui dès lors ont dédaigné la science qui offre des contacts si multipliés avec la *pratique*, avec l'art de l'ingénieur.

Aussi, ne doit-on pas être surpris que M. Chasles, nommé en 1846 professeur de *géométrie supérieure* à la faculté des sciences de Paris, s'exprime dans son discours d'ouverture, ainsi qu'il l'a fait; il dit (*) :

« Mais il ne faut pas perdre de vue que, dans toutes ces questions, la géométrie » descriptive n'est toujours qu'un instrument dont l'ingénieur se sert pour traduire » sa pensée et exécuter sur le papier les opérations que la science, je veux dire la » géométrie générale, lui indique. La géométrie descriptive exécute, mais elle ne » crée pas. Si elle montre aux yeux la courbe d'intersection de deux surfaces, elle » n'en fait point connaître les propriétés; elle ne saurait indiquer, mathématique» ment parlant, si cette courbe est plane ou à double courbure. Elle n'a point de » méthodes pour ces recherches, qui sont exclusivement du domaine de la géo» métrie rationnelle (**). »

Ainsi, nous en sommes revenus, en 1846, à l'*art des projections*, qui écrit *graphiquement* des résultats géométriques obtenus par la géométrie rationnelle.

(*) Voyez le *Journal des mathématiques pures et appliquées*, publié par M. Liouville, tome XII, pages 1 et suiv. (nº de janvier 1847).

(**) Voyez à la fin de cet ouvrage l'addition, nº 4.

Ainsi, nous revenons au point d'où est parti MONGE ; et, en 1846, tous les travaux de MONGE sont oubliés, ils sont comme non avenus; bien plus, gardons-nous de considérer la géométrie descriptive, comme une méthode de recherches, c'est une grave erreur que, depuis 1815 jusqu'en 1846, les savants en géométrie rationnelle n'ont jamais pardonnée !

Mais pour certains savants, ainsi qu'il y a une *géométrie rationnelle*, il y a une *mécanique rationnelle ;* et si l'on veut bien y réfléchir un moment, on reconnaîtra sans peine que ce que l'on appelle aujourd'hui géométrie et mécanique rationnelles, n'est autre chose que l'emploi de l'*analyse* à la recherche des propriétés géométriques des surfaces, et à la démonstration des principes de la mécanique.

Mais, quoi qu'on en dise, on reviendra par la force de la vérité à reconnaître que l'*analyse* n'est qu'un *outil* de recherche; mais bien plus, c'est une *langue* au moyen de laquelle l'*idée* que l'on conçoit devient saisissable par l'intelligence de ceux qui nous entourent, de telle manière qu'ils conçoivent l'*idée* d'autrui, comme s'ils l'avaient eux-mêmes conçue les premiers.

L'*analyse* peut aussi être considérée comme une *méthode*, mais elle n'est pas la seule méthode que l'homme puisse employer à la recherche des vérités géométriques ou mécaniques.

Comme tout ce qui vient de l'homme, l'*analyse* a ses bornes, ses limites, ses avantages, ses inconvénients; si elle a une grande puissance, elle a aussi sa part de faiblesse; parfaite en certains points, elle est imparfaite en d'autres.

Toutes les autres méthodes en sont là.

Pour certaines recherches, certaines méthodes sont préférables à d'autres; choisir entre les méthodes, suivant le problème à résoudre, voilà le point important; c'est ce choix judicieux qui montre l'intelligence du philosophe (en donnant à ce nom de *philosophe* son acception antique, *homme qui cherche la vérité dans l'intérêt de l'humanité, sans orgueil et sans vanité, n'ayant d'autre ambition que celle d'être utile*).

L'homme ne crée aucunes vérités géométriques, elles préexistent toutes.

Lorsque l'on engendre une surface par le mouvement d'une courbe, cette surface jouit immédiatement de certaines propriétés géométriques qui dérivent de la nature géométrique de la courbe génératrice et de la loi mécanique du mouvement imprimé à cette courbe génératrice (que cette courbe reste constante de forme, ou varie de forme à chaque instant de son mouvement, la loi des variations de la forme géométrique de cette courbe génératrice étant liée à la loi mécanique de son mouvement dans l'espace).

Toutes les propriétés géométriques de la surface ainsi engendrée sont *implicites*. Le géomètre parvient à rendre ces propriétés *explicites*, en se servant de ce qu'on appelle *méthode de recherche*. Les *méthodes* sont des *outils* dont se sert le *raisonnement* géométrique pour l'aider dans la découverte des vérités cachées.

Les méthodes ne créent *rien*, elles mettent dans la *lumière;* elles nous aident à *voir* les choses telles qu'elles sont réellement, et à *démontrer* que ce que nous disons *être* est bien réellement ce qui *est*.

Mais pour qu'une *vérité* trouvée, découverte par un homme, puisse être utile à tous, il faut qu'elle puisse être comprise par tous; il faut donc un moyen de transmission des idées, de l'intelligence d'un homme à celle d'un autre homme; cette *transmission* s'opère au moyen des *langues*.

C'est ainsi que pour la transmission d'homme à homme des *idées* géométriques, nous avons deux langues distinctes, la *géométrie algébrique* et la *géométrie descriptive*. La première emploie des *symboles*, qu'elle combine entre eux suivant des règles certaines; la seconde emploie des *lignes*, qu'elle trace aussi suivant des règles certaines; ces *règles* sont exactes, parce qu'elles sont établies par le *raisonnement*, en vertu de déductions successives et logiques fondées sur la *nature* des choses.

Ces deux *langues* sont *basées* sur des principes différents; la langue *algébrique* a pour principe fondamental, l'*arithmétique*, c'est-à-dire le *nombre;* et aussi s'applique-t-elle en géométrie à la solution des problèmes de *relations métriques*. La langue *graphique* a pour principe fondamental la *forme*, et aussi s'applique-t-elle, en géométrie, à la solution des problèmes de *relations de position*.

Comme toutes les *langues* dont la *formation* dérive de principes différents, ces deux langues *algébrique* et *graphique* ont des puissances et une fécondité différentes; elles demandent aussi à être employées, maniées par le géomètre d'une manière différente, car leur *esprit* ou *génie* est différent, puisque les principes qui leur ont donné naissance sont différents (*).

Mais pour bien savoir, pour bien parler une langue, pour qu'elle vous soit *familière*, comme le dit MONGE, il faut plusieurs années d'études et de pratique.

Et dès lors comment des géomètres peuvent-ils se prononcer sur la géométrie descriptive, et sans craindre d'errer, lorsqu'ils en connaissent seulement les premiers éléments!

Une pratique constante peut seule nous faire découvrir toutes les ressources scientifiques que possède la géométrie descriptive. Si un homme qui aurait appris dans sa jeunesse quelques phrases de la langue allemande, et qui ne l'aurait point pratiquée depuis, voulait plus tard discuter sur le *génie* de cette langue et examiner si elle est plus ou moins *poétique* que telle ou telle autre langue, ne lui

---

(*) N'est-on pas dans l'habitude de dire : le *génie* d'une langue, — le *génie* de ces deux langues est différent, — ne pas confondre le *génie* d'une langue avec celui d'une autre langue.

dirait-on pas : apprenez et étudiez la *langue allemande* avant d'en parler si au long?

La géométrie descriptive, comme *méthode*, nous permet de trouver des propriétés géométriques nouvelles (ou inconnues jusqu'alors); comme *langue*, elle nous permet d'*écrire* et de transmettre ainsi aux *ingénieurs* des *vérités* géométriques, et de les mettre à même de les vérifier et de s'en servir; en un mot de les utiliser dans leurs *travaux* sur le terrain.

La *géométrie descriptive* procède ainsi qu'il suit :

Étant donné un *système* dans l'espace, on le projette sur deux plans; ces projections sont construites rigoureusement, exactement, en sorte que les *lignes* qui composent une projection sont entre elles en des positions rigoureuses, exactes. En regardant avec attention l'une et l'autre projection, on peut parvenir à déterminer les relations de position, rigoureuses, exactes, des diverses lignes qui composent le système de l'espace.

On peut donc affirmer que les lignes du système de l'espace ont entre elles telles ou telles relations de position.

En énonçant, en langage ordinaire, ces relations de position, on dicte des *théorèmes.*

Ainsi, c'est en *lisant* les projections d'un système situé dans l'espace, comme on lit *des équations*, qu'on découvre les propriétés géométriques écrites *graphiquement* sur l'*épure*, et que par suite on arrive à découvrir, d'une manière certaine, les propriétés géométriques qui subsistent, qui existent dans ce système de l'espace; et il me semble que cette marche conduit bien à une démonstration réelle, positive, d'une *vérité* inconnue et que recélait le système donné dans l'espace.

Ainsi, l'on ne peut mettre en doute que cette manière de procéder, que cette *méthode*, qui constitue ce que l'on appelle la *géométrie descriptive*, ou la *science des projections*, ne conduise à la découverte d'une vérité géométrique inconnue; car faire voir qu'une chose *est* telle qu'on le dit et non pas autrement qu'on le dit, n'est-ce pas démontrer que cette chose *est;* en d'autres termes, n'est-ce pas démontrer des *théorèmes* de géométrie?

J'ai dit ci-dessus qu'on lisait une *épure* comme on lisait des pages d'*analyse*, des pages remplies de formules algébriques; entrons à ce sujet dans quelques détails.

Lorsqu'on emploie l'*analyse* à la recherche des propriétés géométriques, on ne fait pas autre chose pour mettre le problème en *équation* que d'écrire les *équations* des lignes qui sont les projections sur trois plans des lignes situées dans l'espace.

On combine entre elles ces *équations* d'après les règles *algébriques*, et l'on obtient en définitive des *formules algébriques* qui expriment la *solution* du problème; et en traduisant en langage ordinaire la solution écrite dans ces formules, on énonce la *solution* du problème proposé, ou la *vérité* du théorème qui était à démontrer.

On *lit* donc des *équations* comme on lit une phrase écrite en telle ou telle langue, cette phrase exprimant une *idée*.

Lorsqu'on emploie la *géométrie descriptive* à la recherche des propriétés géométriques, on ne fait pas autre chose pour établir les *données* du problème que de tracer sur l'*épure* les lignes qui sont, sur les deux plans de projection, les projections horizontales et verticales des lignes situées dans l'espace.

On combine entre elles ces *lignes-projections* d'après les règles *graphiques* (les règles de la géométrie descriptive), et l'on obtient en définitive des *figures graphiques* qui expriment la solution du problème; et en traduisant en langage ordinaire les *relations* qui existent entre les diverses parties de ces figures, auxquelles on est arrivé en définitive, on énonce un *résultat* géométrique, on énonce un théorème; on lit donc une *figure*, une construction géométrique, comme on lit des équations, comme on lit des formules algébriques.

On voit donc bien que l'*esprit* du géomètre procède dans les deux cas de la même manière, et qu'il n'y a d'autres différences (et il ne peut évidemment y en avoir d'autres) que celles qui doivent provenir de l'*emploi* de deux langues différentes, savoir : la langue *algébrique* et la langue *graphique*.

Aussi LAGRANGE, écoutant une leçon de MONGE, a-t-il dit : *Je ne savais pas que je savais la géométrie descriptive.*

Les *analystes* de nos jours ont interprété cet aveu si *naïf* et si *profond* de LAGRANGE de la manière suivante :

Tous ceux qui savent l'ANALYSE peuvent enseigner la géométrie descriptive.

Et par suite ils ont ajouté :

La géométrie descriptive ne peut servir qu'à tracer graphiquement les résultats géométriques obtenus par l'analyse.

Je crois que ce n'est pas là ce que LAGRANGE pensait; je crois qu'il fut frappé de l'*unité* qui existait dans la manière de manifester les vérités de la géométrie à trois dimensions, d'intelligence à intelligence, d'homme à homme.

Je crois qu'il se replia en lui-même, et qu'il se dit intérieurement : *En toute vérité, le procédé des projections est le procédé fondamental dont le géomètre se sert, soit qu'il s'exprime dans la langue* ALGÉBRIQUE, *soit qu'il s'exprime dans la langue* GRAPHIQUE.

Ne pourrait-on pas dire, avec quelque raison, que si les *algébristes* qui ne sont pas *mécaniciens*, et qui écrivent sur la mécanique, dédaignaient moins la géométrie descriptive, ils auraient appris à lire dans l'espace le système dont ils veulent s'occuper, et qu'ils choisiraient plus *judicieusement*, qu'ils ne l'ont fait assez souvent, les plans sur lesquels ils doivent projeter ce *système*, de manière à avoir des équations très-simples à traiter, très-faciles à manier?

M. Poncelet a donné très-souvent, à ce sujet, de bonnes et utiles leçons, dans son cours, à la Faculté des sciences.

Et lorsque je dis : *les algébristes et les géomètres qui ne sont pas mécaniciens*, j'entends parler des savants qui s'occupent de mécanique générale et de mécanique céleste ou d'astronomie, désignant par *mécaniciens* ceux qui s'occupent de la théorie des machines. Ces derniers ne peuvent ignorer la construction et les formes géométriques des diverses parties des machines dont ils s'occupent ; ils ne peuvent ignorer la nature et la résistance des matériaux employés ; ils ne peuvent être étrangers aux ateliers et aux outils ; en un mot, ils doivent être *ingénieurs*.

Les *mécaniciens* doivent, de toute nécessité, savoir la géométrie descriptive ; au reste c'est la pensée de M. Poncelet, qui a dit très-souvent qu'il préférait employer la *géométrie*, au lieu de l'*analyse*, dans les démonstrations des principes de la mécanique, parce qu'on était conduit tout naturellement à des *tracés graphiques* que l'on pouvait immédiatement utiliser dans la construction des machines ; car il est de toute évidence qu'on ne peut pas construire une machine sans en avoir fait l'*épure*.

Je m'étais proposé deux *buts* en écrivant ce mémoire ; le premier, de donner une *preuve* évidente que la géométrie descriptive pouvait construire et démontrer, ainsi que l'avait dit Monge, et non pas seulement construire, comme l'affirme M. Chasles ; et le second, de remplacer les *théorèmes* de MM. Quetelet et Dandelin, par d'autres qui fussent plus dans l'esprit de la géométrie descriptive.

Je soumets ce travail au jugement des géomètres impartiaux et de bonne foi, qui aiment la science pour elle-même ; qui, n'étant point des ambitieux politiques, sont dès lors ennemis des intrigues, et ignorent toutes ces mauvaises passions humaines qui gâtent le cœur de l'homme et avilissent le caractère du savant.

Ai-je besoin d'ajouter que, si j'ai mis quelque *chaleur* dans cette discussion, l'on veuille bien songer à ceci : ce ne sont point mes *idées*, ce n'est point mon *œuvre* que je défends ; je défends l'œuvre de Monge et les idées de Carnot, qui furent deux grands savants et deux grands citoyens, ayant l'un et l'autre au fond du cœur l'amour de la patrie et des sciences, amour qui fut pur et désintéressé.

Efforçons-nous de les imiter !

T. O.

COURS

DE

GÉOMÉTRIE DESCRIPTIVE.

ADDITIONS.

DÉMONSTRATION NOUVELLE DES PROPRIÉTÉS PRINCIPALES DES SECTIONS CONIQUES.

Je me propose, dans ce mémoire, de démontrer d'une manière nouvelle, et qui me paraît tout à fait dans l'esprit de la géométrie descriptive, les propriétés relatives aux *foyers*, aux *directrices* et aux *focales* des sections coniques.

J'ai divisé en deux parties ce mémoire, qui forme comme un petit traité des sections coniques.

Dans la première partie, j'arrive à démontrer qu'un *cercle* et une *section conique*, situés dans deux plans différents, mais ayant un point de contact, peuvent toujours être enveloppés par un cône et par un seul cône.

Cette proposition fondamentale étant démontrée, elle me sert de point de départ pour rechercher, construire et démontrer, dans la seconde partie, les propriétés des sections coniques, relativement à leurs *foyers*, à leurs *directrices* et à leurs *focales*.

PREMIÈRE PARTIE.

Un cercle et une section conique qui ont un point de contact sont toujours enveloppés par un cône et un seul cône.

Pour arriver à démontrer ce *théorème*, il faut établir, au préalable, plusieurs *propositions*, ainsi qu'il suit.

§ Ier.

Étant donnés un cercle C et une droite D, cette droite peut avoir trois positions par rapport au cercle : 1° elle peut être extérieure au cercle; 2° elle peut couper le cercle; 3° elle peut être tangente au cercle.

Quelle que soit la position de la droite D par rapport au cercle C, je dis que si l'on prend un point *m* sur cette droite et si de ce point on mène deux tangentes au cercle, en unissant les points de contact du cercle et des deux tangentes, on aura une corde qui passera par un point fixe situé : 1° dans l'intérieur du cercle dans le premier cas, et 2° par le point de contact de la droite D et du cercle C dans le troisième cas, ce qui est évident et n'a pas besoin de démonstration, et 3° par un point qui sera situé hors du cercle dans le deuxième cas, et dès lors ce sera le prolongement de la corde qu'il faudra considérer.

Nous allons démontrer le théorème pour le premier et le deuxième cas.

Premier cas. *La droite* D *étant extérieure au cercle* C.

Nous pourrons considérer le plan du cercle C et de la droite D comme étant un plan diamétral P d'une sphère S, coupée par ce plan P suivant un grand cercle C, cette sphère S ayant pour centre le centre *o* du cercle C (*fig.* I). Nous pourrons mener par le centre *o* un plan R perpendiculaire à la droite D et la coupant en un point *d*, et coupant de plus la sphère S suivant un grand cercle C′ (prenons ce plan R pour plan vertical de projection); menant du point *d*, qui sera évidemment extérieur au cercle C′, deux tangentes θ et θ' à ce cercle C′, ces droites toucheront le cercle C′ en les points x et x'.

Les plans (x, D) et (x', D) seront tangents à la sphère S en les points x et x'; car l'on pourra mener, dans le plan (x, D) et par le point x, une droite B parallèle à D, et dans le plan (x', D) et par le point x' une droite B′, parallèle à D; et il est facile de démontrer que le rayon $\overline{ox}$ est perpendiculaire aux droites θ et B, et que le rayon $\overline{ox'}$ est perpendiculaire aux droites θ' et B′; par conséquent les plans (x, D) et (x', D) sont respectivement perpendiculaires aux extrémités du rayon qui leur correspond; donc, etc.

La droite xx' fera un angle droit avec la droite D, et elle sera coupée par le plan P, auquel elle est perpendiculaire, en un point p qui évidemment sera situé dans l'intérieur du cercle C.

Cela posé :

Nous savons que si nous prenons un point m sur la droite D, et qu'on le considère comme le sommet d'un cône Σ tangent à la sphère S, ce cône touchera la sphère suivant un petit cercle Δ qui contiendra les points x et x', et dont le plan Q passera dès lors par la droite $\overline{xx'}$.

Or le plan Q sera coupé par le plan P, auquel il est perpendiculaire, suivant une droite passant par le point p et qui sera sur le plan P la projection orthogonale du cercle Δ; et le cône Σ sera coupé par le plan P suivant deux génératrices droites qui seront tangentes au cercle C; en faisant varier la position du point m sur la droite D, on aurait les mêmes résultats.

Le théorème est donc démontré (*).

Deuxième cas. *La droite* D *coupe le cercle* C.

Prenons un point n sur la droite $\overline{xx'}$ précédente (*fig.* I), et considérons-le comme le sommet d'un cône Σ' tangent à la sphère S, on aura un petit cercle de contact Δ', et il suffit de démontrer que le plan Q′ de ce cercle Δ' passe par la droite D (même *fig.* I) pour que le théorème se trouve démontré.

Car en considérant le plan R (qui n'est autre que le plan vertical de projection), ce plan contiendra la droite $\overline{xx'}$ et le cercle C′, lequel sera coupé par la droite $\overline{xx'}$ en les points x et x'; ce plan R coupera le cône Σ' suivant deux tangentes δ et δ' au cercle C′, lequel sera touché en les points i et i' par ces tangentes δ et δ', et la corde $\overline{ii'}$ prolongée passera par le point d, en lequel la droite D est coupée par le plan R, puisque cette corde $\overline{ii'}$ sera l'intersection du plan R et du plan Q′ du cercle Δ'.

(*) Cette démonstration est de Monge, ainsi que la suivante.

Ainsi, en désignant la droite $\overline{xx'}$ par D′, on aura bien démontré qu'étant donnée une droite D′ coupant un cercle C′, si d'un point n de D′ on mène deux taugentes au cercle C′, le prolongement de la corde $\overline{ii'}$ de contact passe par un point fixe d situé hors du cercle C′.

Démontrons donc que le plan Q′ passe par la droite D; et d'abord énonçons le corollaire suivant, qui est évident en vertu de ce qui a été dit ci-dessus.

Si par la droite $\overline{xx'}$ ou D′ on fait passer un plan quelconque coupant la sphère S suivant un petit cercle Δ, le cône Σ, qui sera tangent à la sphère S suivant ce petit cercle Δ, aura son sommet m situé sur la droite D.

Cela posé:

Si nous prenons un point y sur le cercle Δ′, qui est le cercle de contact de la sphère S et du cône Σ′ (ayant le point n situé sur la droite xx' ou D′ pour sommet), le plan tangent T en y à la sphère S contiendra la génératrice droite $\overline{ny}$ du cône Σ′, et contiendra la tangente λ en y au cercle Δ′, et cette tangente λ sera située dans le plan Q′ (plan du cercle Δ′) et sera perpendiculaire à la génératrice $\overline{ny}$.

Si par le point y et la droite $\overline{xx'}$ ou D′ on fait passer un plan Q′, il coupera la sphère S suivant un petit cercle Δ, qui sera le cercle de contact d'un cône Σ et de la sphère S, et ce cône Σ aura son sommet situé en un point m de la droite D (ainsi que nous l'apprend le corollaire ci-dessus). De plus, il est évident que la génératrice $\overline{ny}$ sera tangente en y au cercle Δ; et comme le cône Σ est de révolution, il s'ensuit que la génératrice $\overline{ny}$ du cône Σ′ sera perpendiculaire à la génératrice $\overline{my}$ du cône Σ.

Or le plan T, tangent en y à la sphère S, se trouve à la fois être tangent et au cône Σ′ suivant $\overline{ny}$ et au cône Σ suivant $\overline{my}$; de plus, ce plan T contient la tangente λ en y au cercle Δ′.

Les trois droites $\overline{my}$, $\overline{ny}$, λ sont donc dans le plan T. La tangente λ au cercle Δ′ est perpendiculaire à la génératrice $\overline{ny}$, la génératrice $\overline{ny}$ est tangente en y au cercle Δ et dès lors perpendiculaire à la droite $\overline{my}$; donc les droites $\overline{my}$ et λ se confondent.

Donc les cercles Δ et Δ′ se coupent à angle droit au point y, puisque les droites $\overline{my}$ et λ se confondent; il s'ensuit que λ passe par le point m; il s'ensuit que λ étant dans le plan Q′, ce plan plan passe par le point m, c'est-à-dire passe par un point de la droite D.

Et comme ce qui vient d'être dit pour un point y du cercle Δ′ peut être dit de tout autre point, on voit que le plan Q′ (ou le plan du cercle Δ′) passe par la droite D.

Le théorème énoncé est donc démontré.

Les théorèmes précédents sont les théorèmes fondamentaux de la théorie des polaires ; nous les devons à MONGE.

§ II.

Concevons une sphère S ayant le point o pour centre ; prenons un point y sur la sphère S, on aura le rayon $\overline{oy}$; menons au point y un plan perpendiculaire au rayon $\overline{oy}$, nous aurons un plan T tangent en y à la sphère S ; menons par le centre o un plan P parallèle au plan T, ce plan P coupera la sphère S suivant un grand cercle C.

Cela posé :

Menons dans le plan P et par le centre o deux droites A et B perpendiculaires entre elles, et imaginons par la droite A, ainsi que par la droite B, deux plans perpendiculaires au plan P et se coupant dès lors suivant le rayon $\overline{oy}$, ces deux plans couperont la sphère S suivant deux grands cercles, l'un A_1 et l'autre B_1.

Un cylindre α tangent à la sphère S suivant le grand cercle A_1, aura la droite B pour axe.

Un cylindre β tangent à la sphère S suivant le grand cercle B_1, aura la droite A pour axe.

En sorte que si dans le plan tangent T on mène par le point y deux droites A_2 et B_2 respectivement parallèles aux axes A et B, la droite A_2 sera une génératrice droite du cylindre β et la droite B_2 sera la génératrice droite du cylindre α.

Les deux génératrices A_2 et B_2 se coupent à angle droit au point y.

Cela posé :

Si sur la génératrice A_2 on prend un point arbitraire a et qu'on le regarde comme le sommet d'un cône Σ tangent à la sphère S, la courbe de contact sera un petit cercle Δ, ayant au point y la génératrice B_2 pour tangente.

De même, si sur la génénératrice B_2 on prend un point arbitraire b et qu'on le regarde comme le sommet d'un cône Σ' tangent à la sphère S, la courbe de contact sera un petit cercle Δ', ayant au point y la génératrice A_2 pour tangente.

En sorte que les cercles Δ et Δ' se couperont à angle droit au point y (*).

(*) Au lieu de considérer une sphère S, on pourrait considérer une surface du second ordre E. Alors le plan mené parallèlement au plan T tangent en y à la surface E, par le centre o de cette surface E, la couperait suivant une section conique C qui serait ou une ellipse, ou une hyperbole, ou une parabole ; alors les droites A et B seraient un système de diamètres conjugués de la conique C ; alors les droites A_1 et B_1 parallèles aux droites A et B feraient entre elles un angle qui en général ne serait pas droit ; alors les petits cercles Δ et Δ' seraient des coniques, etc., etc. C'est là le principe fondamental de la théorie des tangentes conjuguées, et nous le devons à MONGE.

§ III.

Étant données une sphère S *et une droite* R *coupant cette sphère en les points* x *et* x′, *je dis que si par la droite* R *on mène deux plans coupant la sphère* S *suivant deux petits cercles* C et C′, *ces cercles seront enveloppés par deux cônes.*

Nous savons que si on fait rouler un plan T sur deux courbes C et C′ et tangentiellement à ces courbes, l'enveloppe de l'espace parcouru par ce plan est une surface développable Σ.

Nous savons que si on unit par une droite G les points de contact des courbes C et C′ avec une position du plan T, on aura une génératrice droite de la surface Σ.

Nous savons que si les génératrices droites d'une surface développable Σ s'appuient toutes sur une droite D, cette surface Σ ne peut être autre qu'un plan ou qu'une surface conique ayant son sommet sur la droite D (*).

Cela posé :

Il est évident que si l'on fait mouvoir un plan T tangentiellement aux cercles C et C′ de la sphère S, la surface développable Σ obtenue sera convexe et non plane. Si donc nous démontrons que toutes les génératrices droites de cette surface Σ s'appuient sur une même droite, nous aurons démontré que cette surface développable Σ n'est autre qu'une surface conique.

Démonstration. Prenons sur la droite R un point *r*, et considérons ce point *r* comme le sommet d'un cône (qui sera droit, qui sera de révolution) tangent à la sphère S suivant un cercle Δ_1 ; ce cercle Δ_1 coupera les cercles C et C′ en quatre points, savoir : *m* et *n* sur C et *m′* et *n′* sur C′.

Nous aurons donc quatre droites $\overline{rm}$, $\overline{rm'}$ et $\overline{rn}$, $\overline{rn'}$, tangentes aux deux cercles donnés C et C′.

Ces quatre droites seront deux à deux dans six plans ; et il est évident que deux de ces six plans ne sont autres que les plans des cercles C et C′.

Les quatre autres plans seront des positions du plan qui, roulant tangentiellement sur les cercles C et C′, doit engendrer la surface développable Σ.

Cela posé :

Nous savons que si l'on construit les plans tangents Θ et Θ′ en les points *x* et *x′*, points en lesquels la sphère S est percée par la droite R, ces plans se coupent suivant une droite D, et que le plan du cercle Δ_1 passe par cette droite D.

Par conséquent, les quatre droites $\overline{mm'}$, $\overline{nn'}$, $\overline{m'n}$, $\overline{mn'}$, qui unissent deux à deux les quatre points *m*, *n* du cercle C et *m′*, *n′* du cercle C′, s'appuient sur la droite D.

(*) Voyez le *Cours de géométrie descriptive*, 2e partie, page 13.

Or ces quatre droites sont des génératrices de la surface développable Σ, et même chose arrivera en considérant sur la droite R un autre point r_1. Par conséquent, toutes les génératrices droites de la surface développable Σ s'appuient sur la droite D. Et comme la surface Σ est évidemment convexe et non plane, il s'ensuit qu'elle n'est autre qu'une surface conique.

Mais comme, en considérant la figure de l'espace, on voit de suite que les quatre points m, n, m', n', forment un quadrilatère dont les côtés ne sont autres que les génératrices droites de la surface Σ, et qu'il est évident que les deux couples de côtés opposés se coupent en des points distincts, il s'ensuit, que l'on peut affirmer que la surface développable Σ est composée de deux surfaces coniques ayant chacune leur sommet sur la droite D, ce qu'il fallait démontrer.

De ce qui précède, on déduit le théorème suivant :

Théorème. *Étant donné un cercle* D, *si l'on prend dans l'intérieur de cercle un point* a, *si l'on mène par ce point* a *deux cordes coupant le cercle* D *en les points* b, b′, *et* b_1, b'_1, *on forme un quadrilatère dont les côtés opposés vont se couper deux à deux en des points* i *et* i′ *qui déterminent une droite* A. (La droite A est dite *polaire* et le point *a* est dit *pôle* du cercle D).

Si par le point a *on mène une troisième corde arbitraire coupant le cercle* D *en les points* b_2 *et* b'_2, *on pourra combiner ces deux points avec les points* b *et* b′, *ou* b_1 *et* b'_1 *et l'on formera deux nouveaux quadrilatères dont les côtés opposés iront concourir en des points situés sur la droite* A (fig. II) (*).

§ IV.

Considérons un cylindre de révolution Σ ayant pour section droite un cercle D, et un cône de révolution Σ' ayant pour section droite un cercle D′.

Coupons la surface cylindrique Σ par un plan P, nous obtiendrons une courbe E qui sera toujours fermée (de forme dite *elliptique*).

Coupons la surface conique Σ' par un plan P′, nous savons que l'on peut obtenir pour sections trois courbes de formes très-différentes, et que parmi ces formes la forme fermée existe ; la section de *forme elliptique* est donnée lorsque P′ coupe toutes les génératrices droites du cône. Désignons cette section (de forme *elliptique*) par E′.

Les deux courbes E et E′ ont la même forme; voyons si l'on peut, géométrique-

(*) Je n'ai pas besoin d'exposer en détail la *théorie des polaires*, je me borne aux théorèmes nécessaires à la démonstration de la question qui fait le sujet de cette première partie.

ment parlant, les considérer comme des courbes identiques et jouissant dès lors des mêmes propriétés géométriques.

Rappelons-nous la distinction que nous avons faite entre les deux genres de propriétés géométriques qui peuvent exister pour une courbe, savoir : propriétés de *relation de position* et propriétés de *relation métrique*.

Si les deux courbes E et E′ jouissent des mêmes propriétés de relation de position, nous pourrons les dire *identiques*, lorsqu'il s'agira des propriétés de ce genre; mais nous ne pourrons rien affirmer touchant leur identité au sujet des propriétés *de relation métrique* (*).

Par conséquent, nous devrons avoir grand soin de ne pas confondre et mélanger dans nos démonstrations, ces deux genres (bien distincts) de propriétés géométriques.

Démontrons maintenant que les deux *sections elliptiques*, cylindrique E et conique E′ sont identiques par rapport aux relations géométriques, dites *de position*.

Il est évident que par une projection cylindrique, c'est-à-dire au moyen de droites parallèles entre elles et à l'axe du cylindre de révolution Σ, nous ferons passer sur le plan P et par suite sur la section E, toutes les propriétés de relation de position qui existent pour le cercle D, ces relations de position étant du genre de celles dites *des transversales*, ou *des points de concours*.

Il est évident que, par une projection conique, c'est-à-dire au moyen de droites passant par le sommet du cône Σ′ nous ferons passer sur le plan P′ et par suite sur la section E′, toutes les propriétés dites *des transversales*, ou *des points de concours* qui existent pour le cercle D′.

Cela posé :

Si dans le cercle D ou D′ on mène deux cordes M et N se coupant en un point o intérieur au cercle, et dont nous désignerons les extrémités par m, m' et n, n'; si l'on détermine, ainsi qu'il a été dit ci-dessus, la *polaire* O, le point o étant le *pôle*; prenant sur le cercle D ou D′ un cinquième point x arbitraire, on déterminera le sixième point x' *conjugué* du point x, par la construction suivante :

On unira les points x et m par une droite coupant la polaire O en un point d et unissant les points d et m' par une droite; elle coupera la corde $\overline{xo}$ (prolongée) en un point x' qui sera le sixième point demandé.

On voit donc qu'en faisant cheminer le cinquième point x sur le cercle D ou D′, on construira une série de sixièmes points x', qui appartiendront tous au cercle D ou D′.

Même chose aura lieu pour la section E ou E′, en vertu de ce qui a été dit ci-

(*) Ainsi le *cercle*, l'*ellipse*, la *parabole* et l'*hyperbole* sont *identiques* pour les relations de position, mais ces courbes ne sont pas *identiques* pour les relations métriques.

dessus, touchant l'emploi des *projections* cylindrique ou conique, pour faire passer le *système* qui est lié au cercle D ou D', sur les courbes E ou E'.

Par conséquent, tous les points conjugués $x_{,}$ et $x_{,}'$ de la courbe E ou E' sont liés entre eux et aux quatre points $m_{,}, m_{,}', n_{,}, n_{,}'$, arbitrairement choisis sur les courbes E et E', par une même construction graphique.

Ces deux courbes E et E' sont donc, *géométriquement parlant*, des courbes identiques. *Dès lors si une certaine propriété de relation de position existe pour la courbe* E, *elle existera pour la courbe* E'. (Ceci est dit comme *induction* ou *déduction philosophique*.) Par conséquent, sachant que si l'on inscrit à la section cylindrique E un hexagone tel que deux couples de côtés opposés soient parallèles entre eux, le troisième couple de côtés opposés est formé par des droites qui sont aussi parallèles entre elles (*); propriété que l'on démontre directement par la projection cylindrique. Cette propriété dont jouit la section *cylindrique* E existera, sans aucun doute, pour la section *conique* E', quoique nous ne démontrions pas directement l'existence de cette propriété pour la courbe E'; et en vertu de cette propriété dont jouit (par induction) la section conique E', nous pourrons démontrer l'*hexagramme de* Pascal ainsi qu'il suit.

Traçons un cercle C dans un plan P; inscrivons dans ce cercle un hexagone quelconque; élevons par le centre *o* du cercle C une perpendiculaire au plan de ce cercle et prenons sur cette droite un point arbitraire *s*; le cône (*s*, C) sera de révolution; on aura ainsi le cône droit des anciens géomètres.

Cela posé :

Prolongeons les côtés opposés de l'hexagone inscrit (*fig.* III).

Les côtés *ab* et *a'b'* se couperont en un point *p*;

Les côtés *ad*, *a'd'* se couperont en un point *r*;

Les côtés *db'*, *d'b* se couperont en un point *q*.

Il faut démontrer que les trois points *p*, *q*, *r*, sont en ligne droite.

Pour cela faire :

Unissons par une droite D deux des trois points *p*, *q*, *r* et ainsi les points *p* et *q*.

Menons par le sommet *s* et la droite D un plan R et coupons le cône (*s*, C) par un plan Q parallèle au plan R.

Ce plan Q coupera le cône suivant une section elliptique E', car la droite D étant extérieure au cercle C, ce plan Q coupera toutes les génératrices droites du cône.

Or il est évident que les génératrices *sa*, *sa'*, *sb*, *sb'*, *sd*, *sd'* du cône (*s*, C) seront coupés par le plan Q en des points $a_{,}, a_{,}', b_{,}, b_{,}', d_{,}, d_{,}'$ qui seront les sommets d'un hexagone inscrit à la courbe E'.

(*) Voyez le *Cours de géométrie descriptive*, 2e partie, page 76, art. 320.

Et comme la pyramide hexagonale inscrite au cône (s, C) a deux couples de faces opposées se coupant suivant les droites sp et sq, qui sont parallèles au plan Q, il s'ensuit que l'hexagone inscrit dans la courbe E' a *nécessairement* deux couples de côtés opposés qui sont parallèles.

Or, en vertu de ce qui a été dit ci-dessus, le troisième couple de côtés opposés doit être formé de droites parallèles, donc la droite $\overline{sr}$ doit être dans le plan R. Donc les trois plans p, q, r sont en ligne droite. Ce qu'il fallait démontrer.

§ V.

Mais supposons que les géomètres éprouvent des *scrupules* (assez légitimes) et ne puissent admettre l'*exactitude géométrique* de la démonstration de l'*hexagramme* pour le cercle, ainsi que nous l'avons donnée ci-dessus, attendu que cette démonstration s'appuie sur ce que la section *elliptique* du cône droit jouit d'une propriété qui appartient à la section *elliptique* du cylindre droit, savoir :

Que si l'on inscrit dans l'une ou l'autre section un hexagone, tel que deux couples de côtés opposés forment un faisceau composé de deux droites parallèles, le troisième couple de côtés opposés est nécessairement composé de deux droites parallèles entre elles.

Et qu'ainsi les géomètres ne puissent admettre ce mode de démonstration, attendu que si la propriété énoncée et qui sert de point de départ se trouvant, en effet, démontrée d'une manière rigoureuse pour la section elliptique du cylindre droit, et cela au moyen des *projections cylindriques*, elle n'est démontrée que par *induction* et d'une manière purement *philosophique* pour la section elliptique du cône droit.

Supposant donc que les géomètres soient conduits à désirer une démonstration directe de la propriété de l'hexagramme dans le cercle, nous donnerons la démonstration suivante qui a l'avantage d'être dans un même *esprit géométrique* avec celles données par Monge sur les propriétés des *polaires* et des *tangentes conjuguées* exposées ci-dessus (§§ I et II), et cette uniformité de méthode doit être remarquée par les géomètres, car c'est précisément cette uniformité dans les méthodes qui donne un si grand charme à la géométrie des anciens et qui la rend surtout d'une étude facile.

DÉMONSTRATION DIRECTE DE L'HEXAGRAMME DANS LE CERCLE.

Concevons une sphère S; menons par son centre o un plan P, ce plan coupera la sphère suivant un grand cercle C; inscrivons dans le cercle C, un hexagone quelconque; unissons deux à deux par des cordes δ, δ', δ'' les sommets *opposés* de cet hexagone; ces trois cordes se couperont deux à deux en trois points, qui seront toujours situés dans l'intérieur du cercle, c'est évident.

Menons par les cordes δ, δ', δ'', des plans X, X', X'', perpendiculaires au plan P; ces plans couperont la sphère S suivant des petits cercles Δ, Δ', Δ'' qui se couperont deux à deux et en deux points symétriquements placés par rapport au plan P; l'un de ces points étant en dessus, l'autre en dessous du plan P, et étant l'un et l'autre également distants de ce plan P.

Cela posé :

Désignons (*fig.* III) par a et a' les points en lesquels le cercle C est coupé par la corde δ.

— par b et b' les extrémités de la corde δ'.

— par d et d' les extrémités de la corde δ''.

Chacune de ces cordes δ, δ', δ'', sera sur le plan P la projection orthogonale des cercles Δ, Δ', Δ''.

En vertu de ce qui a été démontré § II, ces cercles pourront être enveloppés deux à deux par deux cônes; on aura donc en tout six cônes enveloppant deux à deux ces trois cercles (*).

En vertu de ce que le plan P est symétrique par rapport à la sphère S et aux trois cercles Δ, Δ', Δ'', il est évident que les sommets de ces six cônes seront situés sur ce plan P; par conséquent l'hexagone inscrit (abd, $a'b'd'$) sera tel que :

1° Ses côtés opposés ab et $a'b'$ étant prolongés, seront les génératrices droites d'un cône Σ enveloppant les cercles Δ et Δ';

2° Ses côtés opposés ad et $a'd'$ seront les génératrices droites d'un cône Σ' enveloppant les cercles Δ et Δ'';

3° Ses côtés opposés db' et bd' seront les génératrices droites d'un cône Σ'' enveloppant les cercles Δ' et Δ''.

(Et cela a lieu en vertu de ce qui a été dit ci-dessus § II).

Les sommets des cônes Σ, Σ', Σ'' seront donc situés sur le plan P (plan du cercle C) en les points p, q, r, en lesquels concourent chaque couple de côtés opposés de l'hexagone.

Cela posé :

Je dis que les trois points p, q, r sont en ligne droite. Et en effet :

Considérons les deux cônes Σ et Σ'; puisque le premier Σ ayant son sommet au point p enveloppe les cercles Δ et Δ', puisque le second Σ' ayant son sommet au point r, enveloppe les cercles Δ et Δ'', il s'ensuit que ces deux cônes ont une base com-

(*) Voyez les *Compléments de géométrie descriptive*, page 12.

mune qui est le cercle Δ; si donc on unit leurs sommets p et r par une droite, elle viendra couper le plan X du cercle Δ (et, par conséquent, elle viendra couper la corde δ) en un certain point m, et si de ce point m on mène deux tangentes au cercle Δ, on aura deux points de contact x et x_1.

Or il est évident que les plans (x, p, r) et (x_1, p, r) seront tangents à la fois aux deux cônes Σ et Σ', et chacun d'eux sera tangent suivant la génératrice $\overline{px}$ ou $\overline{px_1}$ pour le cône Σ et suivant la génératrice $\overline{rx}$ ou $\overline{rx_1}$ pour le cône Σ'.

Or, le cercle Δ'' étant situé sur le cône Σ', il s'ensuit que la génératrice $\overline{px}$ coupera le cercle Δ'' en un point x'' et que la génératrice $\overline{rx_1}$ coupera ce même cercle Δ'' en un point x''_1; or le cercle Δ' étant situé sur le cône Σ, il s'ensuit que la génératrice $\overline{px}$ coupera le cercle Δ' en un point x', et que la génératrice $\overline{px_1}$ coupera ce même cercle en un point x_1'.

Et il est évident que les tangentes θ en x au cercle Δ, θ' en x' au cercle Δ', θ'' en x'' au cercle Δ'', seront situées dans le plan (x, p, r), et que de même les tangentes θ_1 en x_1 au cercle Δ, θ_1' en x_1' au cercle Δ', θ_1'' en x_1'' au cercle Δ'', seront situées dans le plan (x_1, p, r); par conséquent le plan (x, p, r) coupera la sphère S suivant un cercle C tangent respectivement aux cercles Δ, Δ', Δ'' en les points x, x', x''; et le plan (x_1, p, r) coupera la sphère S suivant un cercle C_1, tangent respectivement aux cercles Δ, Δ', Δ'', en les points x_1, x_1' x_1''.

Cela posé :

On arrivera au même résultat, soit que l'on considère les cônes Σ, Σ' ou Σ, Σ'' ou Σ', Σ''. Par conséquent le plan du cercle C, ainsi que le plan du cercle C_1 est tangent à la fois aux trois cones Σ, Σ', Σ'', chacun des plans des cercles C et C_1 contient donc les sommets des trois cônes Σ, Σ', Σ''; or ces sommets p, q, r sont sur le plan P, donc ils sont en ligne droite.

Ainsi se trouve démontré d'une manière rigoureuse, et, pour le cercle, le *théorème* connu sous le nom d'hexagramme de Pascal.

§ VI.

L'hexagramme de Pascal étant démontré pour le cercle, il est facile de le démontrer pour les sections planes d'un cylindre droit ou d'un cône droit.

Et en effet :

Désignant par C la section droite d'un cylindre droit Σ, et par C' la section droite d'un cône droit Σ', (les deux courbes C et C' seront des cercles) en inscrivant dans chacun des cercles C et C' un hexagone, les trois points de concours des côtés opposés de cet hexagone seront, en vertu de ce qui a été démontré ci-dessus, distribués sur une droite D pour le cercle C et sur une droite D' pour le cercle C'.

Cela posé :

Coupant 1° le cylindre Σ par un plan quelconque P, nous obtiendrons une courbe fermée (elliptique) E, sur laquelle nous ferons passer toutes les droites de la figure située dans le plan du cercle C au moyen de droites parallèles à l'axe du cylindre Σ; et ainsi *par une projection cylindrique.*

L'hexagramme de Pascal se trouvera donc démontré pour la courbe E.

Coupant 2° le cône Σ′ par un plan quelconque P′, nous obtiendrons l'une des trois sections coniques E′ et nous ferons passer sur le plan P′ la figure située dans le plan du cercle C′, au moyen de droites concourant au sommet du cône Σ′; et ainsi par *une projection centrale ou conique.*

L'hexagramme de Pascal se trouvera donc démontré pour la courbe E′.

Et comme au moyen de l'hexagramme, on peut, étant donné cinq points de la courbe E ou E′, construire autant de sixièmes points qu'on voudra, on voit que cette construction de la courbe équivaut en *géométrique graphique*, à l'équation de la courbe en *géométrie analytique.*

Par conséquent les trois sections coniques E′ sont de même nature géométriques soit entre elles, soit avec la section cylindrique E.

Cela posé :

Si l'on imagine un cône quelconque Σ_1 ayant pour base une section conique E′ (qui ne sera autre que l'une des trois sections planes d'un cône droit), et si l'on coupe ce cône Σ_1 par un plan quelconque P_1, suivant une courbe E_1, je dis que la courbe E_1 sera toujours une section conique.

Et en effet :

L'hexagramme de Pascal existant pour la courbe E′, on pourra le faire passer sur la courbe E_1 au moyen d'une projection centrale ou conique, le sommet du cône Σ_1 étant le centre de cette projection, donc, etc. Ce qui précède nous permet donc d'énoncer les *théorèmes* suivants :

Théorème 1er. *Tout cône qui a pour base une section conique est coupé par un plan suivant une autre section conique.*

Théorème 2. *Une section conique est toujours projetée orthogonalement ou obliquement sur un plan, suivant une section conique de même forme qu'elle.*

§ VII.

Imaginons un cône Σ ayant pour base une section conique A située dans un plan P; coupons ce cône par un second plan P′; les deux plans P et P′ se couperont suivant une droite I et le plan P′ coupera le cône Σ suivant une seconde section conique A′.

Cela posé :

Menons par le sommet du cône Σ une droite arbitraire R, mais telle, qu'elle soit extérieure au cône Σ; prenons sur cette droite R deux points arbitraires a et a', et regardons chacun de ces points comme le sommet d'un cône ayant la courbe A ou A' pour base; nous aurons deux cônes (A, a) et (A', a') qui auront deux plans tangents communs.

Si nous cherchons la courbe, intersection de ces deux cônes (a, A), (a', A'), nous verrons que cette courbe est divisée en deux branches, dont l'une est plane, parce que ses tangentes s'appuient toutes sur la droite I.

Cette branche, que nous désignerons par α, étant plane ne sera autre qu'une section conique.

Dès lors les deux cônes (a, A), (a', A') peuvent être considérés comme ayant même base α (*).

§ VIII.

Démontrons maintenant le théorème suivant :

THÉORÈME. *Deux cônes* S *et* S' *qui ont pour base commune une section conique* B, *s'entrecoupent suivant une seconde section conique* B'.

Démonstration. Unissons les sommets s et s' des cônes S et S' par une droite K qui viendra couper le plan de la base B en un point k; menons par le point k une série de sécantes X,..... à la section conique B; ces droites X,..... seront sur le plan de la courbe B, les traces d'une série de plans auxiliaires passant tous par la droite K, et coupant dès lors les deux cônes S et S' suivant des génératrices droites, lesquelles s'entrecouperont en des points qui appartiendront à la courbe B' cherchée. Or, si l'on veut construire la tangente en un point de la courbe B', il faudra faire la construction suivante :

Mener aux points x et x_1 en lesquels la courbe B est coupée par la divergente X des tangentes θ et θ_1 à cette courbe B, ces deux tangentes se couperont en un point t qui sera la trace sur le plan de la courbe B des deux tangentes à la courbe B' et pour les points en lesquels se coupent les génératrices droite $\overline{sx}$, $\overline{s'x'}$ situées dans le plan auxiliaire ayant la droite X pour trace.

Or tous les points t... sont sur une droite L qui coupe la courbe B (cette droite L est la *polaire* de la courbe B, le *pôle* étant le point k).

(*) Je n'entre pas dans plus de détails, parce qu'on peut lire la démonstration complète dans les *Compléments de géométrie descriptive*, pages 3 et suivantes.

Donc toutes les tangentes à la courbe B′ s'appuient sur une droite L; donc la courbe B′ est plane; donc elle est une section conique. Ce qu'il fallait démontrer (*).

§ IX.

Tout ce qui précède étant bien compris, arrivons maintenant à la démonstration du théorème qui sert de base à la nouvelle manière de démontrer les propriétés principales des sections coniques.

Ce théorème s'énonce ainsi :

Théorème. *Lorsqu'un cercle et une section conique, situés dans des plans différents, ont un point de contact, ces courbes sont toujours enveloppées par un cône et par un seul cône.*

Démonstration. Imaginons sur le plan horizontal un cercle C; menons en un point m de ce cercle une tangente θ; faisons passer par la droite θ un plan P, et traçons dans ce plan une conique E tangente en m au cercle C.

Cela posé :

Cinq conditions déterminent une section conique; par conséquent, si je prends sur la conique E trois points arbitraires a, b, d, la conique E sera complétement déterminée, en ajoutant les deux conditions de passer par le point m et d'être tangente e nce point m à la droite θ.

Je puis donc, dans tout ce qui va suivre, oublier la conique E et n'employer que les points m, a, b, d et la tangente θ.

Considérons trois cônes A, B, D, ayant respectivement pour sommet les points a, b, d et pour base commune le cercle C.

Les deux cônes A et B se couperont suivant une conique β.

Les deux cônes A et D se couperont suivant une conique γ.

Les deux coniques β et γ seront donc situées toutes deux sur le cône A.

Or deux coniques tracées sur un cône ne peuvent avoir entre elles que quatre positions distinctes :

1° Elles peuvent n'avoir aucun point commun ;

2° Elles peuvent être tangentes l'une à l'autre en un point;

3° Elles peuvent se couper en deux points;

4° Elles peuvent se couper en un seul point, alors elles sont composées de branches infinies.

Or, il est évident, en faisant l'*épure* de l'intersection des deux cônes A et B, que

(*) Je n'entre pas dans plus de détails, parce qu'on peut lire la démonstration complète dans le *Cours de géométrie descriptive*, pages 144 et suivantes.

la courbe β passe par le point m ; de même l'intersection γ des deux cônes A et D passe par le point m.

Ainsi les deux coniques β et γ ont en m un point commun.

Voyons maintenant si ce point m peut être un point de contact entre les courbes β et γ.

La tangente en m à la courbe β sera située sur le plan (a, θ) tangent au cône A suivant sa génératrice droite $\overline{am}$.

La tangente en m à la courbe γ sera aussi située sur le même plan tangent (a, θ).

Si donc les deux courbes β et γ sont tangentes en m, ces deux tangentes se confondront en une seule et même droite.

Si au contraire les deux courbes β et γ qui se coupent déjà au point m, se coupent en un second point m_1, alors ces deux tangentes seront distinctes.

Cela posé :

Admettons que les deux courbes β et γ sont tangentes l'une à l'autre au point m, et voyons ce qui doit en advenir.

Lorsque l'on a sur un cône A deux coniques β et γ tangentes l'une à l'autre en un point m, il est impossible de faire mouvoir un plan tangent à ces deux coniques, de telle manière qu'il leur soit intérieur. Par conséquent, ces deux coniques ne peuvent être enveloppées que par le seul cône A.

Mais par hypothèse, les coniques β et γ sont les intersections, savoir : β des cônes A et B, et γ des cônes A et D ; ces deux coniques β et γ ne peuvent donc être tangentes en m, dès lors elles doivent *impérieusement* se croiser au point m et se couper en un second point m_1, lequel sera le sommet du cône Σ qui enveloppe les deux courbes données, savoir : le *cercle* C et la *conique* E.

Le point m est bien le sommet d'un second cône enveloppant les courbes C et E, mais il est évident que ce second cône est formé des plans de ces courbes C et E.

Ainsi, il se trouve démontré que le cercle C et la conique E qui ont un point de contact m sont toujours enveloppés par un cône et par un seul cône.

Dans le paragraphe suivant, nous allons démontrer que dans le cas où l'on considère un cercle C et une section conique E, les deux courbes β et γ ne peuvent pas se couper en le seul point m.

§ X.

J'ai dit ci-dessus que les coniques β et γ se coupaient *impérieusement* en deux points m et m_1 ; il faut justifier cette assertion.

Deux coniques X et Y tracées sur un cône Σ, peuvent ne se couper qu'en un seul point.

3

En effet :

Par un point m pris sur l'une des nappes de la surface conique Σ, on peut toujours mener une droite Z parallèle à une génératrice droite G de cette surface Σ.

Dès lors, la droite Z ne percera cette surface Σ qu'en le seul point m.

Si par la droite Z nous menons une suite de plans P, P′, P″, ... chacun de ces plans sera parallèle à la génératrice G, et il n'y aura entre eux qu'un seul plan P_1, qui sera parallèle au plan Θ tangent à la surface Σ suivant la génératrice G.

Dès lors tous les plans P, P′, P″,... couperont le cône Σ suivant des *hyperboles*, et le plan P_1 sera le seul qui coupera ce cône Σ suivant une *parabole*.

Ainsi, pour que deux coniques X et Y ne se coupent qu'en un seul point m, il faut qu'elles soient ou 1° deux hyperboles, ou 2° une hyperbole et une parabole; et il est facile de voir que dans le *premier cas* les deux hyperboles ont chacune une de leurs deux asymptotes parallèles aux droites G et Z, et que dans le *second cas* l'hyperbole et la parabole sont des courbes telles, que l'axe infini de la parabole est parallèle à l'une des deux asymptotes de l'hyperbole, et ainsi à l'asymptote qui est elle-même parallèle aux droites G et Z.

Cela posé :

Il serait à craindre que les deux coniques γ et ϵ se coupassent en un seul point m, lorsque toutes deux seront *hyperboliques*, ou lorsque l'une d'elles serait une *hyperbole*, l'autre étant une *parabole*.

Mais comme la base commune aux trois cônes A, B, D est un cercle C, si par hasard le point b pris sur la conique E se trouve placé de manière à ce que la courbe ϵ intersection des cônes A et B se trouve être une *hyperbole* ou une *parabole*, on pourra toujours choisir un point d sur la courbe E, tel que le cône D coupe le cône A suivant une *ellipse* γ. Et en effet : en unissant les points a et d par une droite et faisant glisser le cône D parallèlement à lui-même jusqu'en la position D′, position en laquelle le sommet d sera venu se superposer sur le sommet a, ce cône D′ sera coupé par le plan du cercle C, suivant un cercle C′; et il est évident que l'on pourra toujours choisir sur la conique E, le point d de telle manière que les deux cercles C et C′ ne se coupent pas ou ne se touchent pas, en un mot n'aient entre eux aucun point commun; et l'on sait que dans ce cas les deux cônes A et D se coupent toujours suivant une *ellipse*.

Par conséquent, les deux coniques ϵ et γ se couperont toujours en deux points m et m_1.

§ XI.

Il suit de ce qui précède que si l'on se donne deux coniques quelconques C et E tangentes l'une à l'autre en un point *m* et situées dans des plans différents, ces deux coniques ne pourront être enveloppées par un cône, qu'autant qu'elles auront entre elles une position convenable.

Ainsi, ces courbes C et E étant deux hyperboles, ou deux paraboles, ou une hyperbole et une parabole, ne pourront pas être placées sur un cône, si les sommets des branches en contact par le point *m* ont leurs sommets situés l'un à droite et l'autre à gauche du plan normal mené à la tangente θ par le point *m*, comme l'indiquent les *figures* IV, V et VI.

Car l'on sait *à priori* qu'il est impossible de couper un cône par deux plans de manière à avoir des coniques ainsi disposées l'une par rapport à l'autre; il faut que les sommets des deux branches en contact au point *m* soient placés tous les deux, ou à droite, ou à gauche du plan normal mené à la tangente θ par le point *m*, en un mot soient placés tous les deux d'un même côté par rapport à ce plan normal, comme l'indiquent les *figures* VII, VIII et IX.

Dans le cas où les coniques C et E auraient entre elles la position indiquée par les *figures* IV, V et VI, la construction des courbes β et γ devrait nous indiquer l'*impossibilité* d'unir les deux courbes C et E par un cône; et cette impossibilité sera manifestée, par la manière d'être entre elles des courbes β et γ; aussi la construction graphique nous montrera-t-elle que ces courbes β et γ ne se coupent qu'en le seul point *m*; et elles seront dès lors disposées sur le cône A, comme nous l'avons dit § X.

DEUXIÈME PARTIE (*).

DES PROPRIÉTÉS DES SECTIONS CONIQUES RELATIVES A LEURS FOYERS, A LEURS DIRECTRICES ET A LEURS FOCALES.

Ce sont les diverses propriétés dont jouissent les sections coniques par rapport à leurs *foyers*, à leurs *directrices* et à leurs *focales*, que nous désignons par le nom de *propriétés principales* des sections coniques.

Pour les démontrer, nous nous appuierons sur le théorème suivant, et qui est démontré dans la première partie de ce mémoire, savoir : *qu'un cercle et une section conique ayant un point de contact, ces deux courbes étant situées dans des plans différents, sont toujours enveloppées par un cône et un seul cône.*

Nous allons chercher et démontrer ces propriétés principales successivement pour l'*ellipse*, l'*hyperbole* et la *parabole*, ainsi qu'il suit.

§ Ier.

Propriétés principales de l'ellipse.

Soit donnée sur le plan horizontal de projection une ellipse A (en d'autres termes prenons pour plan horizontal le plan coupant un cône droit ou de révolution suivant une courbe fermée A).

Supposons que l'on connaisse les deux axes de cette courbe, et ainsi son grand axe $\overline{aa'}$ et son petit axe $\overline{bb'}$ et son centre o.

Menons aux extrémités a et a', b et b' des axes, des tangentes à la courbe A, nous savons que nous aurons construit un rectangle circonscrit à cette courbe A.

Désignons par θ, θ', δ, δ', les tangentes menées respectivement à cette courbe A et en les sommets a, a', b, b' (*fig.* 1).

(*) Les principaux résultats contenus dans cette deuxième partie ont été communiqués à la *Société philomatique de Paris*, dans sa séance du 13 mars 1847.

Cela posé :

Prenons une ligne de terre LT parallèle au grand axe $\overline{aa'}$ de la courbe A ; concevons un cylindre Σ vertical ayant cette courbe A pour section droite ; coupons ce cylindre Σ par un plan P perpendiculaire au plan vertical de projection et ayant la tangente θ pour trace horizontale H^p (*fig.* 1) ; ce plan coupera le cylindre Σ suivant une ellipse E dont la projection E^h ne sera autre que la courbe donnée A.

Cela posé :

Prenons sur le grand axe $\overline{aa'}$ (ou sur son prolongement) de la courbe donnée A un point arbitraire *d* ; et de ce point comme centre et avec un rayon égal à $\overline{ad}$, décrivons un cercle D.

Ce cercle D sera tangent à la courbe donnée A en son sommet *a*.

Cela posé :

Les deux courbes, *ellipse* E et *cercle* D, auront au point *a* une tangente commune θ ; ces deux courbes E et D pourront donc être placées ou enveloppées par un cône S, et ne pourront être placées ou enveloppées que par un seul cône S.

Déterminons le sommet *s* de ce cône S.

Il est évident que les courbes E et D sont symétriques par rapport au plan vertical M passant par le grand axe $\overline{aa'}$ (ce plan M sera parallèle au plan vertical de projection) ; dès lors le sommet *s* du cône S sera située sur le plan M ; dès lors le point s^h sera situé sur le grand axe $\overline{aa'}$ ou sur son prolongement.

Pour déterminer le point s^h, il est évident qu'il suffira de prendre sur la tangente θ un point *m* arbitraire et de mener par ce point *m* deux tangentes, l'une à l'ellipse A ou E^h et la touchant au point x^h et l'autre au cercle D et la touchant au point *y*. En unissant les deux points x^h et *y* par une droite G^h, on aura la projection horizontale d'une génératrice droite G du cône S, et cette droite G^h coupera le grand axe $\overline{aa'}$ ou son prolongement en un point s^h qui sera la projection horizontale du sommet *s* du cône S.

En vertu de ce que nous savons en *géométrie descriptive*, il sera facile de construire le point s^v (les constructions sont exécutées sur l'*épure*, *fig.* 1).

Cela posé :

En faisant varier la position du point *d* sur le grand axe $\overline{aa'}$, on fera varier la grandeur du rayon du cercle D ; on aura donc une série de cercles D, D′, D″, ... ayant respectivement pour centres les points *d*, *d*′, *d*″... ; tous ces cercles seront tangents entre eux et à la courbe A en le point *a*.

La courbe E sera successivement enveloppée et respectivement avec les cercles D, D′, D″, ... par des cônes S, S′, S″, ... dont les sommets *s*, *s*′, *s*″,... seront situés sur le plan M, et détermineront une certaine courbe γ dont nous reconnaîtrons plus tard la nature géométrique.

Mais remarquons que pour déterminer les points s^h, s'^h, s''^h,... nous devrons mener du point m des tangentes aux divers cercles D, D', D'', ... dont les points de contact seront respectivement y, y', y'',... Or il est évident que l'on aura :

$$\overline{ma} = \overline{my} = \overline{my'} = \overline{my''} = \ldots\ldots$$

Dès lors tous les points y, y', y'',... seront situés sur un cercle 𝔖 ayant le point m pour centre et ayant $\overline{ma}$ pour rayon.

Cela posé :

Démontrons que les points d et s^h, d' et s'^h,... seront en général des points distincts, séparés l'un de l'autre et que dès lors les cônes S, S',... seront des cônes obliques à base circulaire ; et démontrons en même temps que parmi tous ces cônes obliques, il en existera deux et qu'il n'en existera que deux, qui seront de *révolution* ; et démontrons dès lors qu'il existera deux cercles dans la série D, D',... tels que pour chacun d'eux le centre se confondra avec la projection horizontale du sommet d'un cône de la série S, S',.... Et qu'ainsi, on pourra faire passer par l'ellipse E deux cônes de révolution distincts et ayant chacun son axe de rotation perpendiculaire au plan horizontal sur lequel est tracée la courbe donnée A.

Il est évident que le point s^h étant l'intersection de la droite G^h ou $\overline{yx^h}$ avec le grand axe $\overline{aa'}$ de l'ellipse A ou E^h et que le point d, centre du cercle D, étant l'intersection du même grand axe $\overline{aa'}$ et d'une droite menée par le point y perpendiculairement au rayon $\overline{my}$ du cercle 𝔖, il est évident, dis-je, que ces deux points s^h et d ne se confondront en un seul et même point, qu'autant que les droites yx^h et yd se superposeront ; et il est évident que, pour que cette superposition ait lieu, il faut que la droite yx^h soit tangente au cercle 𝔖.

Dès lors, supposant que le point x^h est extérieur au cercle 𝔖 (plus loin nous démontrerons que cela a toujours lieu), il est évident que l'on pourra mener par ce point x^h deux tangentes au cercle 𝔖.

Ainsi (*fig.* 2), menant par le point x^h deux tangentes au cercle 𝔖, l'une de ces tangentes touchera le cercle 𝔖 au point p_1 et coupera le grand axe $\overline{aa'}$ en un point $s_1{}^h$, et l'autre tangente touchera le même cercle 𝔖 au point p_2 et coupera le même grand axe $\overline{aa'}$ en un point $s_2{}^h$.

Les points $s_1{}^h$ et $s_2{}^h$ seront donc les projections horizontales des sommets s_1 et s_2 de deux cônes S_1 et S_2 de révolution passant l'un et l'autre par l'ellipse E et ayant l'un et l'autre leur axe de rotation perpendiculaire au plan horizontal de projection, ou, en d'autres termes, perpendiculaire au plan de l'ellipse donnée A.

Il est évident que l'on doit retrouver les mêmes points $\underline{s_1^h}$ et $\underline{s_2^h}$ en effectuant des constructions analogues aux constructions précédentes, quel que soit le point x^h choisi sur l'ellipse A ou E^h ; si donc il est évident que pour un certain point de l'ellipse A la construction des tangentes au cercle G correspondant à ce point, se trouve toujours possible, il sera démontré que la construction de ces deux tangentes sera toujours possible quel que soit le point x^h choisi sur l'ellipse A.

Or si l'on prend pour le point x^h, le point *b* extrémité du petit axe de l'ellipse A, en menant par ce point *b* une tangente à l'ellipse A, on aura une droite parallèle au grand axe $\overline{aa'}$ (*fig.* 3) et coupant la tangente θ en un point *t*, de telle sorte que l'on aura $\overline{ta}$ égale au demi petit axe de l'ellipse A; et si du point *t* comme centre et avec $\overline{ta}$ pour rayon on décrit un cercle G', ce cercle sera toujours tel que le point *b* lui sera extérieur puisque l'on aura toujours $\overline{ta} < \overline{tb}$, car $\overline{ta}$ est égale au demi petit axe et $\overline{tb}$ est égal au demi grand axe de l'ellipse A; ainsi il se trouve démontré qu'il existe toujours sur le grand axe d'une ellipse A, deux points tels qu'ils sont les projections orthogonales des sommets de deux cônes de révolution passant par une ellipse E de l'espace, dont la courbe A est la projection orthogonale.

Les points s_1^h et s_2^h seront les centres de deux cercles D_1 et D_2 tangents à l'ellipse A en son sommet *a*, et les deux cônes qui envelopperont respectivement les courbes E et D_1, E et D_2, seront de révolution et auront chacun leur axe de rotation perpendiculaire au plan horizontal.

On pourra construire (*fig.* 4) les points $\underline{s_1^v}$ et $\underline{s_2^v}$ par les méthodes de la géométrie descriptive, et la construction nous démontre elle-même que l'un de ces points sera situé au-dessus de la ligne de terre LT et que l'autre sera situé en dessous de la même ligne.

Après avoir démontré qu'il existe toujours sur le grand axe $\overline{aa'}$ de l'ellipse A deux points tels que $\underline{s_1^h}$ et $\underline{s_2^h}$, démontrons qu'il ne peut pas en exister de semblables sur le petit axe $\overline{bb'}$ de la même ellipse A, et ensuite sur aucun diamètre de cette courbe.

Si (*fig.* 5) l'on mène au point *b*, extrémité du petit axe, une tangente à la courbe A coupant la tangente θ, menée au sommet *a* de cette courbe, en un point *t*, on voit de suite que le cercle G'' décrit du point *t* comme centre, et avec $\overline{tb}$ pour rayon, enveloppera le sommet *a*; en sorte que le point *a* étant intérieur (et il sera toujours intérieur) au cercle G'', on ne pourra pas mener par ce point *a* des tangentes à ce cercle G''. Ainsi il est démontré que l'on ne pourra pas trouver sur le petit axe d'une ellipse, des points analogues aux points $\underline{s_1^h}$ et $\underline{s_2^h}$ dont nous avons démontré l'existence sur le grand axe de cette courbe.

Lorsque l'on coupe un cône de révolution Σ par un plan de manière à obtenir une section elliptique E, on ne peut couper ce cône Σ par un plan perpendiculaire à son axe de rotation suivant un cercle tangent à l'ellipse E que de deux manières différentes; les deux plans sécants (évidemment parallèles entre eux) passeront par les extrémités du grand axe de l'ellipse E; il est donc impossible de trouver sur un diamètre de l'ellipse A, des points tels que ceux s_1^h et s_2^h.

D'ailleurs un diamètre de l'ellipse A, faisant avec sa tangente conjuguée un angle qui n'est jamais droit (excepté lorsque le diamètre n'est autre que le petit ou le grand axe de l'ellipse), le centre du cercle qui serait tangent à l'ellipse ne pourrait jamais être situé sur le diamètre considéré (*fig.* 6).

Ce qui précède nous permet de démontrer que l'on aura toujours pour l'ellipse $\overline{as_1^h} = \overline{s_2^h a'}$, ou, en d'autres termes, que les points s_1^h et s_2^h sont équidistants du centre de l'ellipse.

En effet :

Ayant décrit (*fig.* 7) du point s_1^h comme centre et avec $\overline{as_1^h}$ pour rayon un cercle D_1, nous savons que si nous prenons un point x^h arbitraire sur l'ellipse A ou E^h, en menant au point x^h une tangente à cette ellipse A, elle coupera la tangente θ (menée au point a) en un point m tel que, si par ce point on mène une tangente au cercle D_1, laquelle le touchera en un point y_1, la droite $\overline{y_1 x^h}$ passera par le point s_1^h.

En prenant un autre point x'^h (*fig.* 7) sur l'ellipse A on obtiendra un second cercle δ', lequel coupera le cercle D_1 en un point y'_1 et la droite $\overline{x'^h y'_1}$ passera encore par le point s_1^h.

Il est évident sur la figure que les droites $\overline{x^h y_1}$, $\overline{x'^h y'_1}$, sont tangentes respectivement aux cercles δ_1, δ'_1, en les points y_1, y'_1.

Mais de chacun des points x^h, x'^h,... de l'ellipse A on peut mener deux tangentes aux cercles δ_1, δ'_1,... lesquelles droites passeront respectivement par les points s_1^h, s_2^h.

Quelle que soit donc la position du point x^h sur l'ellipse A, l'on obtiendra toujours, par la même construction, les deux mêmes points s_1^h et s_2^h.

Si donc on prend pour point x^h, le point b extrémité du petit axe de l'ellipse A, on obtiendra aussi les points s_1^h et s_2^h.

Or pour ce point b, on devra mener en b une tangente à l'ellipse A, laquelle coupera la tangente θ en un point n, et décrire de ce point n comme centre, et avec $\overline{na}$ pour rayon, un cercle γ. (Il est évident que le rayon du cercle γ est égal au demi petit axe de l'ellipse A); ensuite on mènera du point b deux tangentes au cercle γ, lesquelles couperont le grand axe $\overline{aa'}$ de l'ellipse donnée A en les deux points s_1^h

et $s_{,}^{h}$; et il est évident (en lisant sur la figure) que l'on aura $\overline{s_{,}^{h}a} = \overline{s_{,}^{h}a'}$, ce qu'il fallait démontrer (*).

Nous donnerons le nom de *foyers* aux deux points $\overline{s_{,}^{h}}$ et $\overline{s_{,}^{h}}$; et nous nommerons *rayon vecteur* la droite menée de l'un de ces foyers à un point de l'ellipse, et *rayons vecteurs conjugués*, les rayons vecteurs menés de chacun des foyers à un même point de l'ellipse.

Ce qui précède étant bien compris, nous allons démontrer les diverses propriétés principales dont jouit *l'ellipse*.

§ II.

Puisqu'en vertu de ce qui précède, étant donnée une ellipse A (*fig.* 8), 1° si l'on mène en un de ses points x^h la tangente, laquelle coupe la droite θ tangente au sommet a de l'ellipse, en un point m; 2° si du point m comme centre et avec $\overline{ma}$ pour rayon on décrit un cercle 𝔖; 3° si du point x^h on mène deux tangentes au cercle 𝔖 et touchant ce cercle en deux points y' et y'', puisque ces tangentes viennent couper le grand axe $\overline{aa'}$ de l'ellipse en deux points $s_{,}^{h}$ et $s_{,}^{h}$ qui sont les foyers de cette ellipse, il est évident que la tangente mx^h à *l'ellipse* divise en deux parties égales l'angle $\widehat{s_{,}^{h}x^{h}y''}$ de ces deux tangentes au cercle 𝔖, et que dès lors la normale menée au point x^h divise en deux parties égales l'angle $\widehat{s_{,}^{h}x^{h}s_{,}^{h}}$ des deux rayons vecteurs menés au point x^h de l'ellipse. On peut donc énoncer le théorème suivant :

(*) D'après ce qui précède, pour construire les foyers d'une ellipse A (*fig.* 7 *bis*) dont on connaît le grand axe $\overline{aa'}$ et le petit axe $\overline{bb'}$, on devra d'abord mener au sommet a une tangente θ à l'ellipse et au sommet b, une tangente δ qui coupera la droite θ en un point m; ensuite on décrira, du point m comme centre, et avec $\overline{ma}$ pour rayon, un cercle 𝔠; enfin menant du sommet b (extrémité du petit axe) deux tangentes au cercle 𝔠, ces tangentes couperont le grand axe $\overline{aa'}$ en deux points f et f' qui seront des *foyers* demandés.

Dans cette construction, on a deux triangles semblables, savoir : myb et obf, ces deux triangles sont rectangles, l'un en y et l'autre en o ; de plus les angles $\widehat{of'b}$ et $\widehat{mby}$ sont égaux comme *angles correspondants*, puisque les droites bm et of' sont parallèles.

On aura donc la proportion :

$$\overline{ob} : \overline{my} :: \overline{of'} : \overline{by}$$

Désignant le demi grand axe de l'ellipse par a et le demi petit axe par b, on aura, en remarquant que :

$$1° \quad \overline{my} = \overline{ma} = \overline{ob}$$

$$2° \quad by = \sqrt{\overline{bm}^2 - \overline{my}^2}$$

$$b : b :: \overline{of'} : \sqrt{a^2 - b^2}$$

d'où

$$of' = \sqrt{a^2 - b^2}$$

résultat connu et qui permet de construire directement les *foyers* d'une ellipse, connaissant ses axes.

THÉORÈME. *La normale menée en un point d'une ellipse divise en deux parties égales l'angle formé par les deux rayons vecteurs qui se croisent en ce point.*

Construction par points de l'ellipse.

Ce qui précède nous permet de construire par points une ellipse dont on connaît le grand axe et les deux foyers.

En effet :

Étant donnés (*fig.* 7 *ter*) le grand axe $\overline{aa'}$ et les foyers f et f' de l'ellipse, on mènera par l'un des sommets a de la courbe une perpendiculaire θ à l'axe $\overline{aa'}$; on prendra sur cette droite θ une suite de points m, m', m'',... et de chacun d'eux comme centre et avec $\overline{ma}$, $\overline{m'a}$, $\overline{m''a}$,..... comme rayon, on décrira les divers cercles δ, δ', δ'',..... tous tangents entre eux et au grand axe $\overline{aa'}$, en le point a; des points f et f', on mènera respectivement deux tangentes aux cercles δ, δ',..... lesquelles se croiseront respectivement en les points x, x',..... qui appartiendront à l'ellipse, et de plus les tangentes en ces points x, x',..... de l'ellipse, ne seront autres que les droites $\overline{mx}$, $\overline{m'x'}$.....

On obtiendra ainsi les points qui appartiennent à la demi-ellipse située au dessous du grand axe $\overline{aa'}$; pour obtenir les points de la demi-ellipse située en dessus de cet axe $\overline{aa'}$, il faudra tracer des cercles tangents en a à cet axe $\overline{aa'}$, mais ayant leurs centres situés sur la partie de la droite θ qui est au-dessus de cet axe $\overline{aa'}$ (*).

§ III.

Étant donnés une ellipse A (*fig.* 9) et son grand axe $\overline{aa'}$ et ses deux foyers f et f', nous pouvons décrire quatre cercles, dont, 1° deux auront pour centre commun le point f et pour rayon l'un $\overline{af}$ et l'autre $\overline{a'f}$ (je désignerai le premier cercle par D et le second par C); dont, 2° deux auront pour centre commun le foyer f' et pour rayon l'un $\overline{a'f'}$ et l'autre $\overline{af'}$ (je désignerai le premier par D' et le second par C').

Ainsi on a deux cercles D et D' enveloppés par l'ellipse A, et deux cercles C et C' qui enveloppent cette courbe A.

Cela posé :

Regardant l'ellipse A (*fig.* 10) comme la section droite d'un cylindre vertical Σ, nous pourrons couper ce cylindre par deux plans P et P', dont les traces horizontales seront H^{r} et $H^{r'}$ respectivement tangentes aux sommets a et a' de l'ellipse A.

(*) Plus loin nous montrerons comment l'on doit employer cette construction pour tracer sur le terrain et par ***points***, une ellipse dont on connaît la position des sommets et des foyers au moyen de ***piquets*** ou ***jalons***.

Nous aurons donc pour sections dans le cylindre Σ deux ellipses E et E', qui se projetteront orthogonalement sur le plan horizontal en la même ellipse A.

Nous pouvons toujours supposer que les plans P et P' font des angles égaux avec le plan horizontal; alors les deux courbes E et E' seront deux ellipses de même grandeur.

Cela posé :

Nous pouvons envelopper l'ellipse E et le cercle D par un cône de révolution S, dont l'axe sera vertical et dont le sommet s sera projeté en f ou s^h et en s^v.

Nous pourrons envelopper l'ellipse E et le cercle C par un cône de révolution S' dont l'axe sera vertical, et dont le sommet s' sera projeté en f' ou s'^h et en s'^v.

Nous pourrons envelopper l'ellipse E' et chacun des cercles D' et C par deux cônes de révolution, ayant chacun leur axe vertical et leurs sommets; s_1 et s_1' seront horizontalement projetés pour le premier, s_1 appartenant au cône (E', D') en f', et pour le second, s' appartenant au cône (E', C) en f.

Deux des quatre sommets de ces cônes seront au-dessous et deux seront au-dessus du plan horizontal; les deux premiers, ainsi que les deux seconds, seront équidistants du plan horizontal, mais la distance au plan horizontal des sommets situés en dessous ne sera pas égale à celle des sommets situés en dessus. Voy. l'*Épure* (*fig.* 10).

Cela posé :

Faisons passer un plan vertical M par le grand axe $\overline{aa'}$ de l'ellipse donnée A. Ce plan M contiendra les sommets s, s', s_1, s_1' des quatre cônes dont nous avons parlé ci-dessus. De plus, ce plan M coupera chacun des quatre cercles D, C, D', C' tracés sur le plan de l'ellipse A, et dès lors situés sur le plan horizontal de projection en deux points; ainsi ce plan M coupera les cercles D en les points a et d, C en les points a et c, D' en les points a' et d', C' en les points a' et c'.

Et il est évident que l'on aura, f et f' étant les foyers de l'ellipse A et les centres de ces cercles,

$$\overline{fa}=\overline{fd},\ \overline{f'a'}=\overline{f'd'},\ \overline{f'a}=\overline{f'c'},\ \overline{fa'}=\overline{fc}$$

De plus, le plan M coupera : 1° chacun des quatre cônes suivant deux génératrices droites, et 2° les plans P et P' des ellipses E et E' suivant les grands axes de ces courbes, savoir suivant le grand axe $\overline{aa_1}$ de l'ellipse E et $\overline{a'a'_1}$ de l'ellipse E'.

Toutes les lignes droites composant cette section faite par le plan M sont tracées sur la *fig.* 10; et d'après ce qui précède, on voit de suite que les génératrices droites $\overline{sa}$ et $\overline{sd}$ du cône S, enveloppant les courbes E et D, sont respectivement parallèles aux génératrices droites $\overline{s'c'}$ et $\overline{s'a}$ du cône S' enveloppant les courbes E et C'.

On voit aussi que même chose aura lieu pour les cônes qui enveloppent : 1° les courbes E et D', E et C ; 2° les courbes E' et D, E' et C'; 3° les courbes E' et D', E' et C.

Nous pourrons donc conclure de ce qui précède : 1° que les quatre cônes ont le même angle au sommet (nous désignerons ce demi-angle au sommet par α); 2 que chaque génératrice droite de ces cônes fait avec le plan horizontal de projection un angle constant que nous désignerons par λ.

Cela posé :

Si l'on prend (*fig.* 11) sur l'ellipse E un point x arbitraire, ce point se projettera en x^h sur l'ellipse A, et les portions sx de la génératrice droite du cône S et $s'x$ de la génératrice droite du cône S' se projetteront respectivement sur le plan horizontal en les rayons vecteurs $\overline{fx^h}$ et $\overline{f'x^h}$ de l'ellipse A.

D'après ce qui a été dit ci-dessus, on aura :

$$\overline{fx^h} = \overline{sx} \cdot \cos\lambda \qquad \text{et} \qquad \overline{f'x^h} = \overline{s'x} \cdot \cos\lambda$$

Si par le point x et le sommet s on mène deux plans parallèles entre eux et horizontaux, ils couperont l'axe vertical du cône S' en deux points x_1 et q, qui seront respectivement les projections des points x et s sur cet axe, et $\overline{s'a_1}$ sera la projection de la génératrice $s'x$, et qx_1 sera la projection de la génératrice $\overline{sx}$ sur cet axe.

On aura donc :

$$\overline{s'x_1} = \overline{s'x} \cdot \cos\alpha \qquad \text{et} \qquad \overline{qx_1} = \overline{sx} \cdot \cos\alpha$$

Or, quelle que soit la position du point x sur l'ellipse E, on aura toujours $\overline{s'x_1} + \overline{qx_1}$ = constante = K.

K sera égal à la distance existant entre les deux plans horizontaux menés par les sommets s et s' des cônes S et S'.

On aura donc :

$$\overline{sx} + \overline{s'x} = \frac{K}{\cos\alpha}$$

Et par suite :

$$\frac{K \cdot \cos\lambda}{\cos\alpha} = \overline{fx^h} + \overline{f'x^h}$$

Ainsi l'on peut énoncer le théorème suivant :

THÉORÈME. *Dans toute ellipse, la somme des rayons vecteurs menés des foyers à un point quelconque de la courbe est constante.*

Et comme si le point x^h n'était autre que l'un des sommets a de l'ellipse A, on aurait $\overline{af} + \overline{af'} = \overline{aa'}$, puisque l'on sait que $\overline{af} = \overline{a'f'}$; on voit que l'on peut dire que, *dans toute ellipse, la somme des rayons vecteurs est constante et égale au grand axe de la courbe.*

Les angles α et λ sont des angles complémentaires; par conséquent on a :

$$\cos \alpha = \sin \delta$$

Dès lors on aura :

$$\overline{aa'} = \frac{K}{\operatorname{tang} \lambda}$$

On peut démontrer le théorème précédent en se servant de deux cônes ayant leurs sommets situés d'un même côté par rapport au plan horizontal, et ainsi (*fig.* 12) en employant les cônes S_1' et S' qui enveloppent, le premier l'ellipse E' et le cercle C, et le second l'ellipse E et le cercle C'.

On sait que les sommets s_1' et s' de ces deux cônes sont équidistants du plan horizontal.

Si du point x^h on élève une verticale, elle coupera l'ellipse E' au point x' et l'ellipse E au point x.

En sorte que la génératrice $\overline{s_1'x}$ se projettera suivant le rayon vecteur $\overline{fx^h}$, et la génératrice $\overline{s'x}$ se projettera suivant le rayon vecteur $\overline{f'x^h}$.

Or les angles au sommet des deux cônes S_1' et S' sont égaux et les axes de ces cônes sont verticaux ; on aura donc :

$$\overline{fx^h} = \overline{s_1'x'} . \cos\lambda \qquad \text{et} \qquad \overline{f'x^h} = \overline{s'x} . \cos\lambda$$

Menons par les points x et x' deux plans horizontaux coupant l'axe du cône S' en les points x_1 et x_1' ; on voit de suite que $\overline{s'x_1}$ sera la projection sur l'axe de la génératrice $\overline{s'x}$ du cône S', et que $\overline{s'x_1'}$ sera la projection sur le même axe de la génératrice $\overline{s_1'x'}$ du cône S_1'. On aura donc :

$$(\overline{s'x} + \overline{s_1'x'}) \cos \lambda = (\overline{s'x_1} + \overline{s'x_1'})$$

Or si l'on mène par les sommets a_1 et a_1' des ellipses E et E' un plan perpendiculaire au plan M, nous savons que ce plan sera horizontal, puisque les ellipses E et E' ont même grandeur, leurs plans P et P' étant également incliné (mais en sens contraire) sur le plan horizontal; ce plan coupera l'axe du cône S' en un point q, et le plan horizontal de projection qui passe par les sommets a et a' des mêmes ellipses E et E' coupera le même axe en un point p, qui ne sera autre que le foyer f' de l'ellipse A.

Or l'on voit de suite sur la *fig.* 12 que l'on a : $\overline{qx_1} = \overline{px_1'}$, et que cela a lieu quelle que soit la position du point x^h sur l'ellipse A.

On aura donc :

$$\overline{s'x_1} = \overline{s'q} + \overline{qx_1} \qquad \text{et} \qquad \overline{s_1'x_1'} = \overline{s'q} + \overline{qx_1'}$$

d'où :

$$(\overline{s'x_1} + \overline{s'x'_1}) = 2 \, . \, \overline{s'q} + \overline{qx_1} + \overline{qx'_1} = 2 \, . \, \overline{s'q} + \overline{qp}$$

ou bien :

$$(\overline{s'x_1} + \overline{s'x'_1}) = \overline{s'q} + \overline{s'p} = \text{constante} = \text{H}.$$

par conséquent, on a :

$$\overline{fx^h} + \overline{f'x^h} = \frac{\text{H} \, . \cos \lambda}{\cos \alpha} \, . = \overline{aa'}$$

Ce qui vérifie le théorème énoncé ci-dessus.

Et l'on voit aussi que l'on a K = H ; et on lit en effet ce résultat sur la figure située dans le plan M (*fig.* 10, 11 et 12).

§ IV.

D'après ce qui précède, nous savons que si l'on a une ellipse A ayant son centre en o et $\overline{oa}$ pour demi grand axe et $\overline{ob}$ pour demi petit axe (*fig.* 13), menant au sommet a la tangente θ à cette courbe, et traçant une série de cercles D, D',... tangents entre eux et à cette ellipse A en ce même sommet a (ces divers cercles ayant chacun, dès lors, son centre situé sur le grand axe $\overline{aa'}$ de la courbe donnée A) : 1° si l'on prend un point arbitraire x^h sur l'ellipse A, et si l'on mène en ce point x^h une tangente à cette courbe A, laquelle tangente coupera la droite θ au point m ; 2° si du point m comme centre et avec $\overline{ma}$ pour rayon on décrit un cercle $\mathfrak{S}$ coupant la droite θ en un point z et les divers cercles D, D',... en les points y, y_1,..., on sait, dis-je, que les droites my, my_1,... seront des tangentes aux cercles D, D',... et que les droites x^hy, x^hy_1,... iront couper le grand axe $\overline{aa'}$ et respectivement en les points s^h, s'^h,... qui seront les projection horizontales des divers sommet s, s',... des cônes qui enveloppent l'ellipse E de l'espace (dont l'ellipse donnée A est la projection horizontale et orthogonale) avec chacun des cercles D, D',...

Le point x^h étant arbitraire, on peut prendre l'extrémité b du petit axe de l'ellipse A, et menant en ce point b une tangente à la courbe A, elle coupera la droite θ en un point m' ; si donc du point m' comme centre et avec $\overline{m'a}$ pour rayon on décrit un cercle $\mathfrak{S}'$, il coupera la droite θ en un point z' et les divers cercles D, D',... en les points y', y_1',... et les droites x^hy', x^hy_1',... iront couper le grand axe $\overline{aa'}$ en les mêmes points s^h, s'^h,... trouvés ci-dessus.

En sorte qu'étant donné un cercle D, on peut déterminer le point s^h en employant le point b au lieu d'employer un point x^h arbitraire.

Cela posé :

Le rayon de chacun des cercles D, D',... peut avoir toute grandeur ; ce rayon peut donc être infini, et alors la droite θ représentera l'un des cercles de la série D, D',... elle représentera, dans cette série, le cercle ayant un rayon infini.

Dès lors on devra, pour un point x^h arbitraire prendre le point z en lequel le cercle $\mathfrak{G}$ coupe le cercle θ, et l'on devra prendre pour le point b le point z' en lequel le cercle θ est coupé par le cercle $\mathfrak{G}'$.

De sorte que les droites zx^h et $z'b$ devront se couper en un même point situé sur le grand axe $\overline{aa'}$, et ce point sera la projection horizontale et orthogonale du sommet du cône Δ qui enveloppe l'ellipse E et le cercle θ de rayon infini.

Or il est évident que ce cône Δ n'est autre que le plan de l'ellipse E, et il est évident que la droite $z'b$ ira couper l'àxe aa' au point a', second sommet de l'ellipse A.

Ainsi, le plan P de l'ellipse E représente un cône Δ, et son sommet doit être au sommet a_1 de l'ellipse E (sommet a_1 projeté horizontalement en le sommet a' de l'ellipse A) pour que ce plan P ou cône Δ appartienne à la série des cônes enveloppant l'ellipse E avec chacun des cercles (à rayon fini) D, D',...

Ainsi, il est démontré que les droites za^h, $z'b$,... passent par le second sommet a' de l'ellipse donnée A.

On peut donc énoncer le théorème suivant :

Théorème. *Étant donnés une ellipse* A *et son grand axe* $\overline{\mathrm{aa'}}$, *si l'on mène au sommet* a *une tangente* θ *à cette courbe ; si l'on unit par une droite le second sommet* a' *avec un point quelconque* $\mathrm{x^h}$ *de cette courbe* A, *cette droite coupera la tangente* θ *en un point* z, *et le point* m, *milieu de la droite* $\overline{\mathrm{za}}$, *sera le point en lequel la tangente menée à l'ellipse* A *au même point* $\mathrm{x^h}$ *coupera la droite* θ (*).

(*) En se servant de l'*analyse* de Descartes, on démontre de suite ce théorème ; en effet (*fig.* 13 *bis*), soit :

$$\frac{x^2}{a^2}+\frac{y^2}{b^2}=1 \qquad (1)$$

l'équation de l'ellipse A, l'équation de la tangente δ en un point n de cette courbe sera :

$$\frac{xx'}{a^2}+\frac{yy'}{b^2}=1 \qquad (2)$$

(représentant par x' et y' les coordonnées du point n).

Si l'on cherche le point en lequel la tangente δ (ayant pour équation l'équation (2)) coupe la perpendiculaire θ menée à l'extrémité p du grand axe de l'ellipse, il suffira de faire :

$$x=a \qquad (3)$$

dans l'équation (2), et l'on aura :

$$\frac{x'}{a}+\frac{yy'}{b^2}=1$$

d'où l'on tire :

§ V.

Diverses manières de construire la tangente en un point d'une ellipse.

D'après ce qui précède, nous pouvons construire la tangente en un point d'une ellipse de trois manières différentes.

Première construction. Étant donnés une ellipse A (*fig.* 14), ses axes $\overline{aa'}$ et $\overline{bb'}$ et ses foyers f et f', pour construire la tangente en un point quelconque x, on mènera les rayons vecteurs $\overline{xf}$ et $\overline{xf'}$ et l'on divisera l'angle $\widehat{fxf'}$ en deux parties égales par la droite xp, cette droite xp étant normale en x à l'ellipse, la droite xq perpendiculaire à xp sera la tangente demandée.

Deuxième construction. Étant donnés une ellipse A, ses axes $\overline{aa'}$ et $\overline{bb'}$ et ses foyers f et f', construire en un de ses points x la tangente; du foyer f comme centre (*fig.* 15), et avec le rayon $\overline{fa}$ on décrira un cercle D; on mènera au sommet a une droite θ perpendiculaire au grand axe $\overline{aa'}$ (cette droite θ sera tangente à l'ellipse A en le sommet a); on unira le point x donné avec le foyer f par une droite qui coupera le cercle D au point y; on mènera au point y une tangente au cercle D, laquelle coupera la droite θ en un point m et en unissant les deux points m et x, on aura la tangente demandée.

Troisième construction. Étant donnés une ellipse A et son grand axe $\overline{aa'}$, on mè-

---

$$y = \frac{(a - x')\,b^2}{ay'} \qquad (4)$$

Ainsi l'on aura en (3) et (4) les coordonnées du point m en lequel la tangente δ coupe la droite θ.

Unissant le point n avec le point p' second sommet de l'ellipse, on aura une droite qui coupera la droite θ en un point q, et si le théorème subsiste on devra avoir :

$$\overline{pp'} : \overline{pq} :: \overline{nr} : \overline{rp'}$$

ou en remplaçant $\overline{pp'}$ et $\overline{pq}$, $\overline{nr}$ et $\overline{rp'}$ par leurs valeurs :

$$2a : \frac{2(a) - x')b^2}{ay'} :: a + x' : y' \qquad (5)$$

d'où :

$$2a \,.\, y' = \frac{2\,.(a - x')\,(a + x')b^2}{ay'}$$

d'où, après réduction :

$$a^2y'^2 = a^2b^2 - b^2x'^2 \qquad (6)$$

La proportion (5) est donc exacte, puisqu'elle conduit à l'équation (6) qui est exacte, puisqu'elle n'est autre que l'équation de l'ellipse.

nera au point a sommet de l'ellipe, une tangente θ, laquelle droite θ sera perpendiculaire au grand axe aa' ; on unira le second sommet a' (*fig.* 16) avec le point x (donné sur l'ellipse) par une droite qui coupera la tangente θ en un point z ; on divisera la droite $\overline{az}$ en deux parties égales par un point m ; en unissant les points m et x par une droite, on aura la tangente demandée.

§ VI.

Étant donnés une ellipse A et son grand axe $\overline{aa'}$ et ses foyers f et f' (*fig.* 17); ayant mené en les sommets a et a' des droites θ et θ' perpendiculaires à l'axe aa' ; ayant tracé du foyer f comme centre et 1° avec le rayon $\overline{fa}$ un cercle D, et 2° avec le rayon $\overline{fa'}$ un cercle C; si par le foyer f on mène dans le plan de l'ellipse A une perpendiculaire au grand axe $\overline{aa'}$, cette perpendiculaire coupera le cercle D en un point y, l'ellipse A en un point x et le cercle C en un point z.

Si l'on mène des tangentes aux cercles D et C et respectivement aux points y et z, on aura des droites parallèles entre elles et au grand axe $\overline{aa'}$.

La tangente en y au cercle D coupera la droite θ au point m, et la tangente en z au cercle C coupera la droite θ' au point m'; et, d'après ce qui a été dit ci-dessus, on sait que la droite $\overline{mm'}$ sera tangente en x à l'ellipse A.

Or il est évident que l'on a :

$$\overline{ma} = \overline{af} \quad \text{et} \quad \overline{m'a'} = \overline{a'f}.$$

donc l'on a :

$$\overline{ma} + \overline{m'a'} = \overline{aa'} = \text{le grand axe de l'ellipse A}.$$

Si l'on avait mené une tangente au sommet b, extrémité du petit axe de l'ellipse A, cette tangente aurait coupé la droite θ en un point n et la droite θ' en un point m', et l'on aurait évidemment :

$$\overline{na} + \overline{n'a'} = \overline{bb'} = \text{le petit axe de l'ellipse A}.$$

Si au contraire on considère le point a, extrémité du grand axe $\overline{aa'}$, la tangente en ce point se confondra avec la droite θ et coupera la droite θ' à l'infini.

On peut donc énoncer, d'après ce qui précède, le théorème suivant :

THÉORÈME. *Étant donnés une ellipse et son grand axe, ayant mené des tangentes* θ *et* θ' *aux extrémités de ce grand axe, si l'on construit la tangente en un point* x *de l'ellipse, cette tangente coupera les droites* θ *et* θ' *en les points* m *et* m'; *et l'on aura :*

1° $\overline{ma} + \overline{m'a'} < \overline{aa'}$, *si le point* x *se projette sur le grand axe entre le centre de l'ellipse et l'un de ses foyers;* 2° $\overline{ma} + \overline{m'a'} = \overline{aa'}$ *si le point* x *se projette sur l'un des foyers;* 3° $\overline{ma} + \overline{m'a'} > \overline{aa'}$ *si le point* x *se projette sur le grand axe entre l'un des foyers et le sommet adjacent à ce foyer.*

§ VII.

Propriétés principales de l'hyperbole.

Nous n'aurons pas besoin, en nous occupant de l'hyperbole, d'entrer dans tous les détails de construction, ainsi que nous l'avons fait lorsque nous nous sommes occupé de l'ellipse; car il est évident que nous devons retomber sur les mêmes raisonnements géométriques, et dès lors il est permis d'abréger, tout ce qui a été dit au sujet de l'ellipse étant bien compris.

Étant donnés une hyperbole A, ses deux asymptotes I et I' (*fig.* 18) et son axe transverse $\overline{aa'}$ supposé prolongé indéfiniment à droite et à gauche des deux sommets a et a'; ayant mené en chacun des sommets a et a' des tangentes à l'hyperbole, on aura deux droites θ et θ' perpendiculaire à l'axe $\overline{aa'}$.

Cela posé :

Si l'on considère l'hyperbole A comme la base ou section droite d'un cylindre vertical Σ, nous pourrons couper ce cylindre Σ par un plan P ayant la tangente θ pour trace horizontale H^p, et l'on obtiendra pour section une hyperbole E ayant la courbe A pour projection horizontale E^h.

Nous pouvons prendre sur la droite $\overline{aa'}$ un point d_1 et le considérer comme le centre d'un cercle D_1 tangent à la courbe A en son sommet a, et les deux courbes D_1 et E seront enveloppées par un cône S, qui sera en général oblique et dont le sommet s_1 se projettera horizontalement en un point s_1^h distinct du centre d_1.

Il sera toujours possible de placer la courbe E sur deux cônes de révolution, ayant chacun pour axe de rotation une droite verticale; et en effet, prenant un point x^h sur l'hyperbole A ou E^h, et menant une tangente en ce point, elle coupera la droite θ ou H^p en un point m; décrivant de ce point m comme centre et avec $\overline{ma}$ pour rayon, un cercle $\mathfrak{G}$, il suffira de mener du point x^h deux tangentes au cercle $\mathfrak{G}$, et ces tangentes couperont l'axe $\overline{aa'}$ en deux points f et f' qui seront équidistants des sommets a et a', en sorte que l'on aura : $\overline{fa} = \overline{f'a'}$.

En effet (*fig.* 19) :

Quel que soit le point x^h pris sur l'hyperbole A, une construction analogue nous conduira toujours à déterminer les mêmes points f et f'. Si donc nous considérons le point situé à l'infini sur l'une des branches de la courbe, la tangente en ce point ne sera autre que l'asymptote I ou I', laquelle coupera la droite θ en un point p, et décrivant du point p comme centre et avec $\overline{pa}$ pour rayon un cercle δ, les deux tangentes menées à ce cercle δ et du point situé à l'infini, et par conséquent menées à ce cercle δ parallèlement à l'asymptote I', couperont l'axe transverse aa' en les foyers f et f'; et il est évident par la *fig.* 19 que l'on a : $\overline{fa}=\overline{f'a'}$ (*).

Cela posé :

Ces deux points ou *foyers* f et f' seront tels que si l'on décrit (*fig.* 18) :

1° Du point f comme centre et avec $\overline{fa}$ pour rayon un cercle D;

2° Du point f' comme centre et avec $\overline{f'a}$ pour rayon un cercle C', les courbes D et E seront enveloppées par un cône S dont le sommet s se projettera orthogonalement en f et les courbes C' et E seront enveloppées par un cône S' dont le sommet s' se projettera orthogonalement en f' (voy. la *fig.* 18).

On lit de suite sur l'*épure* (18) : 1° que les deux cônes S et S' ont leurs sommets situés au-dessus du plan horizontal; 2° que ces deux cônes ont même angle au sommet; par conséquent toutes les génératrices droites de ces deux cônes feront le même angle α avec le plan horizontal et le même angle λ avec une droite verticale.

Par conséquent, si l'on prend un point x sur l'hyperbole E, et si l'on projette sur l'axe vertical du cône S', 1° le sommet s du cône S en p, et 2° le point x de l'hyperbole E en x_1, on voit de suite que l'on aura :

(*) Ayant construit les *foyers* f et f' de l'hyperbole, cherchons la valeur de la distance de l'un de ces foyers au centre de la courbe.

Je dis que l'on aura : $\overline{of}=\overline{op}$ (*fig.* 19 *bis*).

Désignons $\overline{oa}$ par a et $\overline{ap}$ par b.

Menons par le foyer f une parallèle à qp et coupant la droite mo en un point m.

Si l'on joint les points a et m par une droite, je dis que cette droite est parallèle à qp.

En effet, on a : $\overline{fq}=\overline{fa}$ comme tangentes menées d'un même point extérieur f au cercle δ.

Et comme les droites fm et pq sont parallèles par construction, ainsi que les droites fq et po, il s'ensuit que l'on a :

$$\overline{mp}=\overline{qf}=\overline{fa}$$

de plus, on a :

$$\widehat{pfo}=\widehat{pfq} \quad \text{et} \quad \widehat{pfq}=\widehat{fpo}$$

Donc les angles $\widehat{pfo}$ et $\widehat{fpo}$ sont égaux, par conséquent le triangle fop est isocèle; et l'on a :

$$\overline{of}=\overline{op}$$

Et puisque :

$$\overline{af}=\overline{mp}, \quad \text{on a :} \quad \overline{ao}=\overline{om}$$

donc les droites am et fp sont parallèles, ce qu'il fallait démontrer.

Or $\qquad \overline{op}^2=\overline{oa}^2+\overline{ap}^2=a^2+b^2 \qquad$ donc $\qquad \overline{of}=\sqrt{a^2+b^2}$

$$\overline{s'x_1} - \overline{px_1} = \text{constante} = \text{K}.$$

et comme l'on a :

$$\overline{s'x} \cos\lambda = \overline{s'x_1} \quad \text{et} \quad \overline{sx} \,.\, \cos\lambda = \overline{px_1}$$

il s'ensuit que :

$$(\overline{s'x} - \overline{sx}) = \frac{\text{K}}{\cos\lambda}$$

et comme l'on a :

$$\overline{s'x} \,.\, \cos\alpha = \overline{f'x^h} \quad \text{et} \quad \overline{sx} \,.\, \cos\alpha = \overline{fx^h}$$

on aura :

$$\overline{f'x^h} - \overline{fx^h} = \frac{\text{K}\,.\,\cos\alpha}{\cos\lambda} = \text{constante}.$$

Et comme cela a lieu, quel que soit le point x^h, on voit que pour le sommet a on aura :

$$\overline{aa'} = \frac{\text{K}\,.\,\cos\alpha}{\cos\lambda}$$

Ainsi, l'on peut énoncer le théorème suivant :

THÉORÈME. *Dans l'hyperbole, la différence des rayons vecteurs est constante et elle est égale à l'axe transverse.*

Et comme pour un autre point x'^h de l'hyperbole E^h ou A, on aurait un autre cercle $\mathfrak{S}'$ qui conduirait aux mêmes foyers f et f', on voit de suite sur la *fig.* 18 que l'on a : $\widehat{fx^h m} = \widehat{f'x^h m}$.

On peut donc énoncer le théorème suivant :

THÉORÈME. *Pour une hyperbole, la tangente en un de ses points divise en deux parties égales l'angle des deux rayons vecteurs se croisant en ce point.*

Ce qui précède nous permet de construire par *points* une hyperbole.

Construction par points de l'hyperbole.

Étant donnés l'axe transverse $\overline{aa'}$ et les foyers f et f' d'une hyperbole (*fig.* 19 *ter*), on mènera par l'un des sommets a une droite θ perpendiculaire à l'axe transverse $\overline{aa'}$; de divers points m, m',... pris sur la droite θ, et avec les rayons $\overline{ma}$, $\overline{m'a}$,... on décrira une suite de cercles δ, δ',... tous tangents entre eux et au point a; des foyers f et f' on mènera des tangentes à ces cercles δ,... lesquelles se couperont respectivement en les points x, x',... qui appartiendront à l'une des branches de l'hyperbole, et les droites mx, $m'x'$,... seront des tangentes à cette branche en les points x, x',...

Les points x, x',... que nous obtiendrons appartiendront à la demi-branche de gauche de l'hyperbole, ainsi qu'à la partie de cette branche qui est située au-dessous de l'axe transverse $\overline{aa'}$; cependant on doit remarquer qu'en faisant croître les rayons des cercles δ,... depuis zéro, il arrivera que pour un certain rayon r_1, le cercle δ_1 sera tel, que les tangentes qui lui seront menées des foyers f et f', seront parallèles et donneront la direction de l'asymptote à l'axe inférieur de la branche de gauche de l'hyperbole; en prenant un cercle δ_1' d'un rayon $r_1' > r_1$, les tangentes à ce cercle iront se couper à droite de la tangente θ et détermineront par leur intersection un point de l'arc supérieur de la branche de droite de l'hyperbole; pour obtenir les arcs supérieurs de la branche de gauche et inférieur de la branche de droite de l'hyperbole, il faudrait tracer des cercles δ,... ayant leurs centres situés sur la partie de la droite θ qui est au-dessus de l'axe transverse $\overline{aa'}$.

Déterminons maintenant la longueur r_1 du rayon du cercle δ_1 pour lequel les tangentes qui lui sont menées des foyers f et f' se trouvent parallèles entre elles.

Supposons le problème résolu (*fig.* 19 quater), les tangentes fy et $f'y'$ au cercle δ_1 seront parallèles; dès lors la corde yy' sera un diamètre de ce cercle et ce diamètre yy' coupera la droite θ en m_1, centre du cercle δ_1.

Joignant les points f et m_1, f' et m_1, on aura deux triangles fam_1 et $f'am_1$, tous deux rectangles en a.

Les triangles fam_1 et fym_1 seront égaux et superposables, on aura donc :

$$\widehat{ym_1f} = \widehat{fm_1a}$$

De même les triangles $af'm_1$ et $f'y'm_1$ seront égaux et superposables, on aura donc :

$$\widehat{am_1f'} = \widehat{f'm_1y'}$$

Or pour que les tangentes fy et $f'y'$ soient parallèles, il faut que les quatre angles

$$\widehat{yfm_1},\ \widehat{fm_1a},\ \widehat{am_1f'},\ \widehat{f'm_1y'},$$

valent en somme deux angles droits, il faut donc que les deux angles $\widehat{fm_1a}$ et $\widehat{am_1f'}$ valent en somme un angle droit; en d'autres termes, il faut que l'angle $\widehat{fm_1f'}$ soit droit.

Pour déterminer le centre m_1 du cercle δ_1, on devra donc décrire sur $\overline{ff'}$, comme diamètre, un cercle λ qui coupera la droite θ au point m_1, centre demandé, et $\overline{m_1a}$ sera la longueur du rayon r_1. La tangente au point x_1, intersection des rayons vecteurs parallèles fx_1 et $f'x_1$ (ce point x_1 étant dès lors à l'infini), passe par le centre m_1 du cercle δ_1; et il est évident que cette tangente ou asymptote passe par le point o, milieu de l'axe transverse $\overline{aa'}$.

Ainsi l'on vérifie les résultats déjà connus, savoir :

1° Que l'hyperbole a deux asymptotes passant par le centre o de cette courbe ;

2° Que ces asymptotes font des angles égaux avec l'axe transverse $\overline{aa'}$ de la courbe ;

3° Que désignant par a le demi-axe transverse $\overline{aa'}$ et par b la longueur du rayon r_1, on a :

$$\overline{of} = \sqrt{a^2 + b^2}$$

§ VIII.

L'on peut tracer une série de cercles D, D', D'',... tangents entre eux et à l'hyperbole A et en son sommet a.

On pourra envelopper l'hyperbole E et chacun de ces cercles par un seul cône, et l'on aura ainsi une série de cônes S, S', S'',... qui seront tous obliques, excepté deux qui seront de révolution ; ce seront ceux dont les sommets se projettent orthogonalement en les foyers f et f' de l'hyperbole A.

Les rayons des cercles D, D', D'',... iront en grandissant, enfin on aura un cercle de rayon infini, et ce cercle ne sera autre que la droite θ ; dès lors le cône enveloppant l'hyperbole E et le cercle θ de rayon infini ne sera autre que le plan P de l'hyperbole E. Mais sur ce plan, qui va *jouer* ici non-seulement le *rôle* de surface conique, mais celui encore d'une surface conique appartenant à la série des cônes S, S', S'',... il devra exister un point tout particulier qui sera appelé à *jouer* le rôle de *sommet* de cône.

Cherchons ce point.

Si nous déterminons la projection horizontale de ce point *sommet*, en employant un certain point de l'hyperbole A, elle sera toujours la même pour tout autre point pris sur cette hyperbole.

Or si l'on considère le point situé à l'infini sur l'une des branches de l'hyperbole A, la tangente en ce point sera l'asymptote I', laquelle coupera la droite θ, considérée comme tangente au sommet a de l'hyperbole, en un point p (*fig.* 20).

Et si nous décrivons du point p comme centre et avec $\overline{pa}$ pour rayon, un cercle δ, il coupera la droite θ, considérée comme un cercle de rayon infini et appartenant à la série des cercles D, D', D'',... en le point r.

Or si l'on unit le point r avec le point situé à l'infini sur l'hyperbole, il faudra mener par ce point r une parallèle à l'asymptote I', et cette parallèle coupera évidemment l'axe transverse $\overline{aa'}$ en le point a', second sommet de l'hyperbole A ; ce point a' sera donc la projection horizontale et orthogonale du sommet a_1 de l'hyperbole E située dans l'espace sur le plan P ; ce sommet a_1 sera donc le point qui, sur le plan P, doit jouer le rôle de *sommet* de la *surface conique* que ce plan P est appelé à jouer dans la série des cônes S, S′, S″…

Cela posé :

Il est évident que si l'on prend un point x^h quelconque sur l'hyperbole A, si l'on mène en ce point x^h une tangente à la courbe, elle coupera la droite θ en un point m (*fig.* 20); et si du point m comme centre et avec $\overline{ma}$ pour rayon on décrit un cercle $\mathfrak{S}$, lequel coupera la droite θ en un point y, la droite qui unira les points x^h et y ira passer par le point a', second sommet de l'hyperbole donnée A.

On peut donc énoncer le théorème suivant :

Théorème. *Étant donnés une hyperbole et ses deux sommets* a *et* a′; *ayant mené au premier sommet* a *une droite* θ *perpendiculaire à l'axe transverse* $\overline{aa'}$; *si l'on unit par une droite le second sommet* a′ *avec un point* x^h *quelconque de l'hyperbole, cette droite coupera la droite* θ *en un point* y *et la tangente à l'hyperbole en* x^h *divisera en deux parties égales la droite* $\overline{ay}$.

§ IX.

Diverses manières de construire la tangente en un point d'une hyperbole.

Première construction. Étant donnés une hyperbole et ses asymptotes, son axe transverse et son centre, ainsi que ses *foyers* f et f', pour construire la tangente en un point x de cette courbe, il suffira (*fig.* 21) de mener les deux rayons vecteurs $\overline{fx}$ et $\overline{f'x}$ et de diviser en deux parties égales l'angle $\widehat{fxf'}$; la bissectrice sera la tangente demandée.

Deuxième construction. Étant donnés une hyperbole, son axe transverse et ainsi ses deux sommets a et a', et aussi ses deux foyers f et f', pour construire la tangente en un point x de cette courbe, on décrira d'un des foyers f comme centre et avec $\overline{fa}$ pour rayon un cercle D (*fig.* 22); on unira les points x et f par une droite qui coupera le cercle D en un point y, et l'on mènera en ce point y une tangente au cercle D, laquelle coupera la tangente θ (menée au sommet a de l'hyperbole) en un point m; la droite $\overline{mx}$ sera la tangente demandée.

Troisième construction. Étant donnés une hyperbole et son axe transverse, et ainsi ses deux sommets a et a', pour construire la tangente en un point x de la courbe (*fig.* 23), on mènera d'abord la tangente θ au premier sommet a (la droite θ est perpendiculaire à l'axe transverse), ensuite on unira le point x et le second sommet a' par une droite qui coupera la droite θ en un point y; divisant la droite $\overline{ay}$ en deux parties égales par un point m, la droite mx sera la tangente demandée.

§ X.

Étant donnés sur le plan horizontal de projection une hyperbole A, ses sommets a et a', ses foyers f et f' et ses asymptotes I et I' (*fig.* 24), décrivant d'un des foyers f comme centre, avec $\overline{fa}$ pour rayon, un cercle D, et décrivant avec $\overline{fa'}$ pour rayon un cercle C, si l'on mène par le foyer f une perpendiculaire à l'axe transverse $\overline{aa'}$, cette perpendiculaire coupera le cercle D au point y et le cercle C au point y'.

Et si l'on mène en les points y et y' des tangentes aux cercles D et C, on aura deux droites parallèles entre elles et à l'axe transverse $\overline{aa'}$, lesquelles couperont respectivement les tangentes θ et θ' menées à l'hyperbole donnée A en ses sommets a et a', en les points m et m'; d'après tout ce qui précède il est évident que la droite mm' sera tangente à l'hyperbole A en le point x projetée orthogonalement en le foyer f.

Désignant $\overline{ma}$ par r et $\overline{m'a'}$ par r', on voit de suite que comme $\overline{ma}=\overline{af}$ et que $\overline{m'a'}=\overline{a'f}$, on aura : $r+r'=\overline{aa'}$.

Désignons $\overline{aa'}$ par $2a$ et désignons par $2b$ le double de la portion de la tangente θ comprise entre le sommet a et l'asymptote I.

On aura dès lors : $\overline{aa'}=2a$ et $\overline{ad}=b$.

Or b peut avoir trois valeurs différentes comparativement à a; on peut avoir: 1° $b>a$, 2° $b=a$, 3° $b<a$.

Quel que soit le rapport entre b et a, lorsque l'on considérera sur l'hyperbole A le point x qui se projette orthogonalement en son foyer f, on aura toujours :

$$r'-r=2a$$

Lorsque l'on considérera le point de l'hyperbole situé à l'infini, alors la tangente en ce point ne sera autre que l'asymptote I, et l'on aura :

$$r=\overline{ad}=b \quad \text{et} \quad r'=\overline{a'd'}=b \quad \text{et} \quad r'-r=0$$

Lorsque l'on considérera le point a sommet de l'hyperbole, alors la tangente en ce point ne sera autre que la droite θ, et l'on aura évidemment :

$$r=0 \quad \text{et} \quad r'=\tfrac{1}{0} \quad \text{donc} \quad r'-r=\tfrac{1}{0}\ (*)$$

Nous pouvons donc énoncer le théorème suivant :

(*) On voit que pour l'ellipse la *somme* $(r+r')$ va en augmentant depuis une quantité linéaire égale au petit axe jusqu'à l'infini, et que pour l'hyperbole c'est la *différence* $(r'-r)$ qui va en augmentant depuis zéro jusqu'à l'infini.

Théorème. *Si en un point quelconque d'une hyperbole on mène une tangente coupant les tangentes* θ *et* θ' *menées aux sommets* a *et* a' *de la courbe en deux points* m *et* m', *on aura toujours :* 1° ($\overline{ma}-\overline{m'a'}$) *plus petit que l'axe transverse pour tous les points situés entre le point qui est à l'infini et celui qui se projette orthogonalement en le foyer ;* 2° ($\overline{ma}-\overline{m'a'}$) *égale à l'axe transverse pour le point qui se projette orthogonalement en le foyer* ; 3° ($\overline{ma}-\overline{m'a'}$) *plus grand que l'axe transverse pour tout point situé entre le sommet et celui qui se projette orthogonalement en le foyer.*

§ XI.

Propriétés principales de la parabole.

Étant donnés une parabole A (*fig.* 25), son sommet *a* et son axe infini X, nous mènerons au sommet *a* une perpendiculaire à l'axe X, et nous aurons la tangente θ en le sommet de la parabole.

Cela posé :

Si l'on prend un point *d* arbitraire sur l'axe X, et que de ce point *d* comme centre et avec $\overline{da}$ pour rayon, on décrive un cercle D; prenant sur la droite θ un point *m* arbitraire, et menant de ce point deux tangentes, l'une au cercle D et le touchant en *y*, et l'autre à la parabole A et la touchant en x^h, la droite yx^h ira couper l'axe X en un point s^h; et en vertu de tout ce qui a été dit précédemment, il est évident que le point s^h sera la projection horizontale du sommet *s* du cône oblique qui enveloppe le cercle D et la parabole E dont A est la projection.

Or si du point *m* comme centre et avec $\overline{ma}$ pour rayon on décrit un cercle ϐ, il passera évidemment par le point *y*, et en ce point *y* les deux cercles D et ϐ se couperont rectangulairement. Pour que les points *d* et s^h se confondent, il faudra que la droite yx^h soit une tangente au cercle ϐ.

Si donc (*fig.* 26) on mène d'un point x^h, pris arbitrairement sur la parabole donnée A, deux tangentes au cercle ϐ, l'une d'elles viendra couper l'axe X au point *f*, et l'autre ira couper l'axe X en un point que je dis être situé à l'infini, en sorte que la seconde tangente sera parallèle à l'axe X; nous démontrerons plus tard l'exactitude de cette assertion.

Mais quelle que soit la direction de la seconde tangente, et par conséquent que le second foyer soit situé à l'infini ou non, il nous est démontré que la normale x^hq divise en deux parties égales l'angle formé par les deux rayons vecteurs se croisant au point x^h considéré sur la parabole.

On peut donc énoncer le théorème suivant :

Théorème. *Pour les trois sections coniques, ellipse, parabole et hyperbole, la normale et la tangente en un point de la courbe, divisent en deux parties égales l'angle ou le supplément de l'angle formé par les deux rayons vecteurs qui se croisent en ce point.*

§ XII.

Remarquons que lorsqu'on avait une ellipse ou une hyperbole, on pouvait immédiatement construire les foyers; car puisqu'il suffit d'employer une tangente quelconque à la courbe donnée pour obtenir le cercle $\mathfrak{C}$, il suffit de connaître, *à priori*, une tangente autre que celle qui répond au sommet de la courbe, pour pouvoir résoudre le problème.

Or, pour l'ellipse, on sait que la tangente menée à l'extrémité du petit axe est parallèle au grand axe de l'ellipse; or pour l'hyperbole, on sait que l'asymptote est la tangente au point situé à l'infini sur la courbe.

Mais pour la parabole, nous ne connaissons pas, *à priori*, de point autre que le sommet pour lequel la direction de la tangente soit connue; nous ne pouvons donc, quant à présent, construire le foyer f (*fig.* 26), quoique l'existence de ce foyer se trouve démontrée.

§ XIII.

L'existence d'un foyer étant démontrée pour la parabole, nous pourrons: 1° (*fig.* 27) du foyer f comme centre et avec $\overline{fa}$ pour rayon décrire un cercle D; 2° couper le cylindre vertical Σ ayant la parabole A pour section droite par un plan P ayant la tangente θ, menée au sommet a de la courbe, pour trace horizontale H^p; nous prendrons le plan vertical de projection parallèle à l'axe infini X de la parabole.

Cela posé:

Nous construirons le cône de révolution S ayant son sommet en s, lequel cône S enveloppe le cercle D et la parabole E, section faite dans le cylindre Σ par le plan P (cette parabole E se projettera horizontalement et orthogonalement suivant la parabole donnée A). Voy. l'*épure* (*fig.* 27).

Cela posé:

Le cône S ayant son sommet s projeté sur le plan horizontal en le foyer f de la parabole A, nous mènerons par ce sommet s un plan horizontal R qui coupera le plan suivant une droite Q. Dès lors, Q^h sera perpendiculaire à l'axe infini X de la parabole donnée A.

De plus, la *fig.* 27 nous dit que le triangle $s^v a^v q^v$ est isocèle, et qu'ainsi l'on a :

$$\overline{s^v a^v} = \overline{a^v q^v}$$

et que les angles $\widehat{q^v s^v a^v}$ et $\widehat{s^v q^v a^v}$ sont égaux, par conséquent l'on a :

$$\overline{a} = \overline{ad}$$

Cela posé :

Prenons un point x arbitraire sur l'ellipse E, menons par ce point x un plan horizontal ; il coupera la génératrice extrême G du cône S en un point i, et l'on aura la droite $\overline{sx}$ de l'espace égale à $s^v i^v$; on pourra donc poser : $\overline{sx} = \overline{s^v i^v}$.

La distance $\overline{xq}$ du point x à la droite Q sera une droite perpendiculaire à Q et parallèle au plan vertical de projection, cette distance sera dès lors égale à $x^v q^v$.

Cela posé :

Je dis que l'on aura toujours, quel que soit le point x considéré sur la parabole E :

$$\overline{sx} \quad \text{ou} \quad \overline{s^v i^v} = \overline{x^v q^v}$$

En effet :

Les deux triangles $s^v a^v q^v$ (invariable) et $x^v a^v i^v$ (variable) sont isocèles, et l'on a :

$$\overline{s^v a^v} = \overline{a^v q^v} \quad \text{et} \quad \overline{x^v a^v} = \overline{a^v i^v} \quad \text{donc} \quad \overline{s^v i^v} = \overline{sx} = \overline{x^v q^v}$$

Toutes les génératrices du cône S font avec le plan horizontal le même angle α ; on aura donc :

$$\overline{sx} . \cos \alpha = \overline{fx^h}$$

Le plan P fait avec le plan horizontal le même angle α, la droite $\overline{xq}$ est une ligne de plus grande pente de ce plan P, elle fait donc avec le plan horizontal un angle α ; on a donc :

$$\overline{xq} . \cos \alpha = \overline{x^h q^h}$$

Or

$$\overline{sx} = \overline{xq} \quad \text{donc} \quad \overline{fx^h} = \overline{x^h q^h}$$

Et cela aura lieu quel que soit le point x pris sur la parabole E. La droite Q^h est dite *directrice* de la parabole A.

On peut donc énoncer le théorème suivant :

THÉORÈME. *Étant donnés une parabole* A, *son axe infini* X, *son sommet* a *et son foyer* f, *ayant mené une droite* Q^h *perpendiculaire à l'axe* X *et à une distance du sommet* a *égale à* $\overline{fa}$, *si l'on prend un point quelconque* x^h *sur la courbe* A, *les distances de ce point* x^h *au* FOYER *f et à la* DIRECTRICE Q^h *seront égales.*

§ XIV.

Ce qui précède nous permet de construire le foyer f d'une parabole A (*fig.* 28) dont on connaît l'axe infini X et par suite le sommet a et la tangente θ en ce sommet.

Et en effet :

Prenons un point x sur la courbe A et menons la droite xz parallèle à l'axe X et coupant la tangente θ au point m.

Du point m comme centre et avec ma pour rayon, décrivons un cercle $\mathcal{C}$ et menons par le point x une tangente à ce cercle $\mathcal{C}$, elle coupera l'axe X au point f et elle touchera le cercle $\mathcal{C}$ au point y.

Imaginons la *directrice* Q, nous aurons par hypothèse :

$$\overline{xf} = \overline{xb}, \quad \overline{zb} = \overline{ad} = \overline{af} \text{ (si le point } f \text{ est le } \textit{foyer}\text{)}$$

Mais par construction, on a :

$$\overline{xz} = \overline{xy} \quad \text{et} \quad \overline{yf} = \overline{fa}$$

On retrouve donc la propriété $\overline{xf} = \overline{xb}$.

Ainsi, pour construire le foyer d'une parabole A, il suffira de décrire d'un point m arbitraire pris sur la tangente θ menée au sommet a de la courbe et avec un rayon $\overline{ma}$ un cercle $\mathcal{C}$, lequel coupera la droite θ en un point z; on mènera en ce point z une tangente au cercle $\mathcal{C}$, laquelle sera parallèle à l'axe infini X et coupera la parabole A en un point x; menant de ce point x une seconde tangente au cercle $\mathcal{C}$, elle coupera l'axe X en un point f qui sera le *foyer* demandé.

De ce qui précède nous pouvons conclure que, pour la parabole, le second foyer est toujours situé à l'infini, puisqu'il devrait se trouver à l'intersection de l'axe x et de la tangente xz; de plus on voit que la tangente au point x passe par le centre m du cercle $\mathcal{C}$, l'on peut donc énoncer le théorème suivant :

Théorème. *Si par un point* x *d'une parabole* A *on trace une perpendiculaire à la tangente* θ *menée en son sommet* a, *ces deux droites se couperont en un point* z, *et la tangente au point* x *de la parabole coupera la droite* $\overline{za}$ *en deux parties égales.*

Ce qui a été dit ci-dessus nous permet de construire par *points* une parabole.

§ XV.

Construction par points de la parabole.

Étant donnés le sommet a et le foyer f d'une parabole (*fig.* 28 bis), on mènera par le sommet a une droite θ perpendiculaire à la droite indéfinie fa; on prendra sur la droite θ une suite de points m, m',... et de chacun d'eux comme centre et avec $\overline{ma}$, $\overline{m'a}$,... pour rayons, on décrira une suite de cercles β, β',... tous tangents entre eux et au point a; ces cercles β, β',... couperont la droite θ en les points z, z',...; par le foyer f on mènera une tangente à chacun des cercles β, β',... et par chacun des points z, z',... on mènera des parallèles à l'axe infini fa; la tangente fx coupera la parallèle zx en un point x qui appartiendra à la parabole, et la droite mx sera tangente en x à cette parabole.

§ XVI.

On peut placer la parabole E située dans l'espace et ayant la parabole A pour projection horizontale, sur une infinité de cônes obliques ayant chacun pour trace horizontale un cercle tracé sur le plan horizontal et tangent à la parabole A en son sommet a.

On pourra donc tracer une série de cercles D, D', D'',... tangents entre eux et à la parabole A en son sommet a, et l'on aura une série de cônes S, S', S'',... enveloppant respectivement la parabole E avec les cercles D, D', D''...

Mais l'on peut concevoir que l'un de ces cercles D, D',... ait un rayon infini; dès lors ce cercle ne sera autre que la tangente θ menée au sommet a de la parabole donnée A; dans ce cas le cône qui enveloppe la parabole E et le cercle (de rayon infini) θ, ne sera autre que le plan P de la courbe E.

Ce plan P jouant le rôle d'une surface conique appartenant à la série des cônes S, S', S'',... devra avoir un point particulier qui puisse être considéré comme sommet.

Pour construire la projection horizontale de ce sommet, il faudrait d'un point x^h de la parabole A mener une tangente à cette courbe; cette tangente couperait la tangente θ en un point m, et décrivant du point m comme centre et avec $\overline{ma}$ pour rayon un cercle β, ce cercle β couperait la droite θ, jouant le rôle d'un cercle de rayon infini, en un point z, et unissant les points z et x^h par une droite, elle irait couper l'axe X en un point qui serait la projection horizontale du sommet demandé.

Mais toutes les droites telles que x^hz sont parallèles à l'axe X, par conséquent le sommet demandé est à l'infini, et le plan P doit être considéré comme une surface cylindrique, dans la série des cônes S, S', S''...

§ XVII.

Diverses manières de construire la tangente en un point d'une parabole.

De ce qui précède on peut déduire trois constructions de la tangente en un point donné sur une parabole.

Première construction. Étant donnés une parabole A, son axe infini X et son sommet a, et son foyer f, pour construire la tangente en un point x (*fig.* 29), on mènera le rayon vecteur fx, la droite xp parallèle à l'axe X, et l'on divisera l'angle $\widehat{fxp}$ en deux parties égales par la normale dx; la droite xt perpendiculaire à la normale xd sera la tangente demandée.

Deuxième construction. Étant donnés (*fig.* 30) une parabole A, son axe X, son sommet a, son foyer f, pour construire la tangente en un de ses points x, on décrira du foyer f comme centre et avec $\overline{fa}$ pour rayon un cercle D; on mènera au sommet a une perpendiculaire θ à l'axe X (cette droite θ sera tangente en le sommet a à la parabole A); on unira le foyer f et le point x par une droite coupant le cercle D en un point y; en ce point y on mènera une tangente au cercle D, laquelle coupera la droite θ en un point m; la droite qui unira les points m et x sera la tangente demandée.

Troisième construction. Étant donnés une parabole A, son axe infini X et son sommet a, pour construire la tangente en un de ses points x (*fig.* 31), on mènera la tangente θ au sommet a; on mènera par le point x une droite parallèle à l'axe X, laquelle coupera la tangente θ en un point z; on prendra le milieu m de la droite $\overline{az}$, et en unissant les points m et x par une droite, on aura la tangente demandée.

§ XVIII.

Directrices de l'ellipse et de la parabole.

La propriété dont jouit la parabole d'avoir un foyer et une directrice, doit conduire à penser que les deux autres sections coniques possèdent des directrices.

Et en effet, en suivant la même marche que pour la parabole, on arrive de suite à démontrer l'existence de ces droites *directrices* pour l'ellipse et l'hyperbole.

Pour l'ellipse :

Étant donnée une ellipse A sur le plan horizontal de projection (*fig.* 32), ayant construit les foyers f et f' et les deux cônes de révolution S et S' qui enveloppent l'ellipse E de l'espace, et chacun des cercles D et C', en menant par les sommets s et s' des cônes S et S' des plans R et R' horizontaux, ces plans couperont le plan P de l'ellipse E suivant les droites K et K', dont les projections K^h et K'^h seront les *directrices* de l'ellipse A ou E^h.

Pour le démontrer, prenons un point x arbitraire sur l'ellipse E; menons par ce point x et dans le plan P une perpendiculaire à la droite K' et coupant cette droite en un point q'; comme la droite $\overline{xq'}$ est parallèle au plan vertical de projection, elle se projettera en véritable grandeur en $\overline{x^v q'^v}$.

On aura donc :

$$\overline{xq'} = \overline{x^v q'^v}$$

De plus, en prenant un point quelconque x sur l'ellipse E, on voit que toutes les droites telles que xq' seront des lignes de plus grande pente du plan P et feront donc avec le plan horizontal un angle constant qui sera égal à celui que le plan P fait avec le plan horizontal, et qui sera dès lors égal à l'angle $\widehat{s^v q'^v x^v}$, que nous désignerons par λ.

En projetant la droite xq' sur le plan horizontal, on aura : $\overline{x^h q'^h}$, et dès lors on aura :

$$\overline{x^h q'^h} = \overline{xq'} . \cos \lambda = \overline{x^v q'^v} . \cos \lambda$$

Cela posé :

Menant par le point x un plan horizontal, il coupera la génératrice extrême du cône S' en un point i', et l'on aura : $\overline{s'i'} = \overline{s'^v i'^v}$, puisque la droite $s'i'$ est parallèle au plan vertical de projection; de plus, l'on sait que les droites $\overline{s'x}$ et $\overline{s'i'}$ sont égales, on a donc :

$$\overline{s'x} = \overline{s'^v i'^v}$$

Toutes les droites $s'x$, quel que soit le point x sur l'ellipse E, font le même angle avec le plan horizontal, angle qui est égal à l'angle $\widehat{q'^v s'^v i'^v}$, que nous désignerons par α; en sorte que projetant la droite $s'x$ sur le plan horizontal, on aura :

$$\overline{s'^h x^h} = \overline{s'x} . \cos \alpha = \overline{s'^v i'^v} . \cos \alpha$$

Or en vertu des triangles semblables $a'^v x^v i'^v$ et $s'^v q'^v a'^v$, on aura, quel que soit le point x sur l'ellipse E :

$$\frac{\overline{s'^v i'^v}}{\overline{q'^v x^v}} = \text{constante} = \text{B}$$

De plus, il est évident, par la figure, que l'on a : $\widehat{\lambda} < \widehat{\alpha}$; par conséquent l'on a :

$$\overline{x^v q'^v} > \overline{s'^v i'^v}$$

D'après ce qui précède, on voit que l'on aura :

$$\frac{\overline{s'^h x^h}}{\overline{x^h q'^h}} = \text{constante} = \text{B} \cdot \frac{\cos \lambda}{\cos \alpha}$$

Et l'on aura de plus $\overline{s'^h x^h} < \overline{x^h q'^h}$, car si l'on prolonge la verticale passant par le point a'^v jusqu'en l sur la droite $\overline{s'^v q'^v}$, on a évidemment : $\overline{s'^v l} < \overline{l q'^v}$, en vertu de ce que l'on a : $\hat{\lambda} < \hat{\alpha}$.

Ainsi, l'on aura toujours pour l'ellipse E, $\text{B} < 1$, et pour l'ellipse A l'on aura :

$$\text{B} \cdot \frac{\cos \alpha}{\cos \lambda} < 1$$

Ce que l'on a fait en considérant le cône S', on peut le répéter pour le cône S, et l'on démontre ainsi que l'ellipse A a deux *directrices* K'^h et K^h, perpendiculaires à son grand axe, situées en dehors de la courbe et équidistantes des foyers f et f' de la courbe.

Pour l'hyperbole :

Plaçons l'hyperbole E (*fig.* 33) (située dans un plan P et projetée horizontalement en l'hyperbole A ayant ses foyers en f et f'), et chacun des cercles D et C' (décrits des foyers f et f' comme centre et avec $\overline{fa}$ et $\overline{f'a}$ pour rayon) sur deux cônes de révolution S et S' ayant pour sommets les points s et s'.

Cela fait :

Menons par les sommets s et s' des plans horizontaux R et R' coupant le plan P en les droites K et K'.

Si nous prenons un point x sur l'hyperbole E, en menant par ce point x un plan horizontal, lequel coupera la génératrice extrême du cône S en un point i, on aura :

$$\overline{sx} = \overline{si} = \overline{s^v i^v}$$

En menant du même point x, et dans le plan P, une perpendiculaire à la droite K et la coupant en un point q, on aura :

$$\overline{xq} = \overline{x^v q^v}$$

Les deux triangles $s^v a^v q^v$ et $a^v x^v i^v$ étant semblables, on aura, quel que soit le point x :

$$\frac{\overline{s^v i^v}}{\overline{x^v q^v}} = \text{constante} = \text{L}$$

et L sera plus grand que l'unité, car il est évident que dans le triangle $s^v a^v q^v$, l'angle en s ou $\hat{\alpha}$ est plus petit que l'angle en q^v ou $\hat{\alpha}$, ainsi on a : $\text{L} > 1$.

Toutes les droites sx font avec le plan horizontal le même angle α; en projetant sx sur le plan horizontal, on aura :

$$\overline{sx}\,.\cos\alpha = \overline{s^h x^h}$$

Toutes les perpendiculaires xq font avec le plan horizontal le même angle λ ; en projetant xq sur le plan horizontal, on aura :

$$\overline{xq}\,.\cos\lambda = \overline{x^h q^h}.$$

On aura donc, quelle que soit la position du point x sur l'hyperbole E :

$$\frac{\overline{fx^h}}{\overline{x^h q^h}} = \mathrm{L}\,.\frac{\cos\lambda}{\cos\alpha}$$

et l'on voit de suite sur la figure que : $\mathrm{L}\,.\dfrac{\cos\lambda}{\cos\alpha}$, sera plus grand que l'unité.

Au lieu de considérer le foyer f et le cône S, on pourra considérer le foyer f' et le cône S' et par suite la droite K', et l'on aura des résultats identiques.

Ainsi, il se trouve démontré que l'hyperbole A a deux directrices K^h et K'^h perpendiculaires à son axe transverse, équidistantes de ses foyers f et f' et situées entre ses sommets a et a' (*).

(*) Étant donnés une section conique A (ellipse, hyperbole, parabole), son axe X (cet axe X étant le grand axe de l'***ellipse***, ou l'axe transverse de l'***hyperbole***, ou l'axe infini de la ***parabole***) et l'un de ses sommets a situé sur l'axe X et le foyer f le plus proche de ce sommet, on peut très-facilement construire la directrice de cette conique A, qui correspond au foyer f.

En effet :

Nous avons vu que la conique A pouvait être regardée comme la projection orthogonale d'une conique E, et qu'en traçant un cercle C ayant le point f pour centre et ayant $\overline{fa}$ pour rayon, on pouvait envelopper les deux courbes C et E par un cône droit S dont le sommet s se projetait horizontalement en le foyer f.

Nous avons vu que si par le sommet s du cône S on menait un plan horizontal, il coupait le plan de la courbe E suivant une droite K qui, projetée orthogonolament sur le plan horizontal (qui n'est autre que le plan de la courbe A), donnait la directrice de la conique A.

Or, en vertu de ce qui a été dit dans la première partie (§ V), si l'on ***inscrit*** dans le cercle C un hexagone dont les trois couples de côtés opposés soient composées de lignes parallèles, le ***pôle*** sera le centre f de ce cercle, et sa ***polaire*** sera à l'infini.

Le plan de la courbe E sera donc coupé par le plan horizontal mené par le sommet s du cône S suivant une droite K qui, étant considérée comme ***polaire***, aura pour ***pôle***, par rapport à la courbe E, le point en lequel l'axe $\overline{sf}$ de ce cône S sera coupé par le plan de cette courbe E.

Or la projection K^h de la droite K est la directrice de la conique A ; donc le foyer f sera le ***pôle*** de la courbe A, K^h étant la ***polaire***.

Pour construire la directrice K^h, il suffira donc de mener par le foyer f une perpendiculaire à l'axe X et coupant la conique A en un point x. Menant en x une tangente t à cette conique A, cette tangente viendra couper l'axe X en un point p, et menant par ce point p une perpendiculaire K^h à l'axe X, on aura la directrice de la conique donnée A.

§ XIX.

Tout ce qui précède nous permet d'énoncer le théorème suivant :

THÉORÈME. *Si l'on a une suite de cônes de révolution* S, S', S'',... *ayant même axe de révolution* A, *si l'on coupe ces cônes par autant de plans* P, P', P'',... *que l'on voudra et dirigés d'une manière arbitraire dans l'espace, toutes les sections coniques que l'on obtiendra se projetteront sur un plan* Q *perpendiculaire à l'axe* A *suivant des sections coniques ayant un foyer commun qui ne sera autre que le point* f *en lequel le plan* Q *coupe l'axe* A; *de plus, en menant par chacun des sommets des cônes* S, S', S'',... *un plan perpendiculaire à l'axe* A, *on aura une série de plans qui couperont respectivement les plans* P, P', P'',... *suivant des droites dont les projections orthogonales sur le plan* Q *seront respectivement les directrices des diverses sections coniques tracées sur ce plan* Q *et ayant le point* f *pour foyer commun; de sorte que pour chacune des sections coniques tracées sur le plan* Q *on connaîtra immédiatement le foyer* f *et la directrice qui y correspond.*

On peut encore énoncer les deux théorèmes suivants :

THÉORÈME (*fig.* 42). *Étant donnée une série d'ellipses* A, A', A'',... *ayant même sommet* a *et même foyer* f, *leurs grands axes étant superposés sur la droite indéfinie* $\overline{\mathrm{fa}}$, *le lieu des extrémités de leurs petits axes est une parabole ayant le point* f *pour foyer et la droite indéfinie* $\overline{\mathrm{af}}$ *pour axe infini et dont le sommet est le milieu de la droite* af.

THÉORÈME (*fig.* 42). *Étant donnée une série d'hyperboles* A, A', A'',... *ayant même sommet* a *et même foyer* f, *leurs axes transverses étant superposés sur la droite indéfinie* $\overline{\mathrm{af}}$, *le lieu des extrémités de leurs axes non transverses est une parabole ayant pour axe infini la droite indéfinie* $\overline{\mathrm{af}}$, *ayant pour sommet le point milieu de* af, *et ayant le sommet* a, *commun aux diverses hyperboles* A,... *pour foyer* (*).

§ XX.

Des focales des sections coniques.

Lorsque nous avons étudié les propriétés d'une section conique A (ellipse, hyperbole ou parabole), nous avons vu qu'en considérant cette courbe A comme étant la section droite d'un cylindre vertical Σ, et qu'en coupant ce cylindre par un plan P suivant une section conique E (qui était une ellipse, ou une hyperbole, ou une parabole, suivant que la courbe donnée A était une ellipse, ou une hyperbole ou une parabole), nous avons vu, dis-je, que l'on pouvait envelopper la courbe E

(*) Voyez la note A à la fin de la seconde partie de ce mémoire.

et les cercles D et C' décrits des foyers f et f' de la courbe A comme centres, avec $\overline{fa}$ et $\overline{f'a}$ pour rayons (les points a et a' étant les sommets de la courbe A, ellipse ou hyperbole), par deux cônes de révolution et ayant chacun son axe de rotation perpendiculaire au plan horizontal, c'est-à-dire au plan sur lequel se trouvait tracée la courbe A.

Nous avons vu de plus que lorsque la courbe A était une parabole (ce qui établissait que la courbe E était une parabole), nous avons vu, dis-je, qu'en vertu de ce que la courbe A n'avait qu'un seul foyer f (l'autre étant situé à l'infini), on n'avait que le cercle D décrit du foyer f comme centre et avec $\overline{fa}$ pour rayon (le point a étant le sommet de la parabole A), et que ce cercle D et la parabole E étaient toujours enveloppés par un cône de révolution dont l'axe de révolution était vertical, c'est-à-dire perpendiculaire au plan de la parabole A.

Nous avons vu de plus que les sommets de ces cônes de révolution se projetaient orthogonalement sur le plan de la courbe A, en les foyers de cette courbe A.

Cela étant rappelé :

Si nous nous en rapportons à la construction des sommets s et s' des cônes de révolution S et S' (*fig.* 4, 18 et 27), nous devons remarquer que nous avons démontré, en prenant un point arbitraire sur la courbe E, que l'on avait toujours : 1° $\overline{sx} + \overline{s'x} =$ constante, lorsque la courbe E était une ellipse ; 2° $\overline{sx} - \overline{s'x} =$ constante, lorsque la courbe E était une hyperbole ; et 3° $\overline{sx} = \overline{xq}$, lorsque la courbe E était une parabole ($\overline{sx}$ étant la distance du sommet du cône de révolution S au point x de la parabole E, et $\overline{xq}$ étant la distance de ce même point x à la droite Q perpendiculaire à l'axe infini de la courbe E).

En sorte que les sections coniques n'ont pas toujours leurs foyers situés sur leur plan, puisque tout en démontrant l'existence des foyers f et f' pour l'ellipse ou l'hyperbole A et la propriété dont jouissent les foyers, savoir : *que la somme ou la différence des rayons vecteurs est constante*, on trouve que pour la section conique E (ellipse ou hyperbole), les sommets s et s' des cônes de révolution (sommets qui sont situés hors du plan P de la courbe E) jouissent, par rapport à la courbe E, des mêmes propriétés dont jouissent les points f et f' (situés sur le plan de la courbe A) par rapport aux divers points de cette courbe A.

Nous sommes donc tout naturellement conduit à penser qu'il doit exister une suite de points hors du plan de la courrbe E qui jouissent des mêmes propriétés dont jouissent les foyers F et F' situés sur le plan de cette courbe E.

Examinons donc si, en effet, il existe une courbe dont les points puissent être considérés comme *foyers* d'une section conique E ; et si cette courbe existe en effet, nous lui donnerons le nom de *focale* de la section conique E.

§ XXI.

Reprenons l'ancienne *fig.* 10 ou 12 ; nous construirons la *fig.* 34, dans laquelle l'ellipse donnée E, située sur un plan P perpendiculaire au plan vertical de projection, sera projetée horizontalement en l'ellipse A ou E^h ; en sorte que la courbe A sera la projection orthogonale de la courbe E.

Nous pouvons déterminer les foyers f et f' de la courbe A et construire dès lors les cônes de révolution S et S′ qui enveloppent la courbe E avec les cercles D et C′ (nous n'avons représenté sur la *fig.* 34 que le cône S).

Cela posé :

Nous pourrons prendre le plan P pour nouveau plan horizontal de projection, la droite V^p devenant une nouvelle ligne de terre L′T′ ; et il est évident que le plan Z perpendiculaire au plan P, et passant par le grand axe ad de l'ellipse E, sera parallèle au plan vertical de projection.

Il est encore évident que ce plan Z coupera l'ellipse E suivant son grand axe $\overline{ad}$, l'ellipse A suivant son grand axe $\overline{aa'}$, et que ce plan Z contiendra le sommet s du cône S et coupera ce cône S suivant ses deux génératrices extrêmes $\overline{sa}$ et $\overline{sa'}$; de plus, ce plan Z coupera le cercle D suivant un diamètre $\overline{ai}$.

Cela posé :

Nous pourrons ne considérer que les lignes situées dans ce plan Z et examiner leurs relations de position, parce que si l'on fait passer par une droite perpendiculaire au grand axe de l'ellipse E une suite de plans Q′, Q″, Q‴,... toutes les projections orthogonales A′, A″, A‴,... de l'ellipse E sur ces divers plans, seront des ellipses ayant leur axe parallèle au petit axe de l'ellipse E qui aura même longueur que ce petit axe.

En sorte que désignant par a et b le demi grand axe et le demi petit axe de l'ellipse E, par a', a'', a''',... les demi grands axes des ellipses A′, A″, A‴,... les demi-axes de ces ellipses seront :

$a' = a . \cos\alpha'$ et b pour la courbe A′
$a'' = a . \cos\alpha''$ et b . . . . A″
$a''' = a . \cos\alpha'''$ et b . . . . A‴
etc. etc.

α', α'', α''',... étant les angles que les plans Q′, Q″, Q‴,... font respectivement avec le plan P de la courbe E.

Nous pourrons donc construire de la manière suivante la *fig.* 35, qui donne toutes les lignes situées dans le plan Z.

Sur $\overline{ad}$ (ou $2a$) qui est égal au grand axe de l'ellipse E considéré comme diamètre, nous traçons un cercle δ.

Menant du point a une corde aa' du cercle δ, cette corde (si elle est plus grande que $2b$ qui est la valeur du petit axe de l'ellipse E) sera le grand axe de l'ellipse A, projection orthogonale de l'ellipse E sur un plan Q faisant avec le plan de cette courbe E un angle égal à : $\widehat{a'ad}$ ou α.

L'ellipse A ayant un petit axe égal à celui ($2b$) de la courbe E, nous pourrons construire sur $\overline{aa'}$ les points f et f', qui seront les foyers de la courbe A.

Prenant $\overline{fr} = \overline{fa}$, nous construirons sur la droite $\overline{aa'}$ le point r, et élevant par le poinf f une perpendiculaire à la droite $\overline{aa'}$, cette perpendiculaire sera coupée par la droite $\overline{rd}$ en un point s qui sera le sommet d'un cône de révolution S passant par l'ellipse E.

On pourra donc construire de la même manière autant de points s que l'on voudra ; et l'on doit remarquer que si l'on mène par le point a une parallèle à la droite srd, elle coupera la perpendiculaire menée à la droite $\overline{aa'}$ par le second foyer f' en un point s' qui sera le sommet d'un cône de révolution S' passant aussi par la courbe E.

En sorte que pour chaque corde $\overline{aa'}$ du cercle δ, on construira deux points s et s' appartenant à la *focale* de l'ellipse E ; et ces points s et s' seront des *foyers extérieurs* et *conjugués* de la courbe E (ils seront dits *extérieurs*, parce qu'ils sont situés hors du plan de la courbe E ; ils sont dits *conjugués*, parce qu'ils sont les sommets des deux cônes de révolution S et S', qui sont les seuls que l'on puisse construire en considérant séparément chacune des ellipses A, A',... projections orthogonales de l'ellipse E). Parmi toutes les cordes que l'on peut mener du point a dans le cercle δ, il y en aura une $\overline{al}$ qui sera égale au petit axe $2b$ de l'ellipse E. Cette corde sera alors le grand axe de l'ellipse A_1, projection orthogonale de l'ellipse E ; mais cette ellipse A_1 ayant son petit axe égal à $2b$, il s'ensuit que cette courbe A_1 ne sera autre qu'un cercle, ou une ellipse dont les axes sont égaux et dont les foyers se confondent en un seul et même point.

Dès lors pour cette courbe A_1, les cercles analogues aux cercles D et C' construits pour chacune des autres ellipses A, A', A'',... se confondront avec cette courbe A_1 en un seul cercle ; et dès lors le cône de révolution S_1, qui passera dans ce cas par l'ellipse E, ne sera autre qu'un cylindre de révolution enveloppant à la fois et le cercle A_1 et l'ellipse E ; et la construction nous dit, en effet, que dans ce cas le sommet s_1 de ce cône S_1 est situé à l'infini, car ce point s_1 n'est autre que le point d'intersection de la droite $\overline{dl}$ et de la perpendiculaire menée à la corde $\overline{al}$ en son milieu y ; or cette perpendiculaire n'est autre que la droite $\overline{yo'}$ (le point o' étant le milieu de $\overline{ad}$); par conséquent il est évident que les droites $\overline{yo'}$ et $\overline{dl}$ sont parallèles.

Si l'on menait dans la courbe δ et par le point a une corde qui fît avec $\overline{ad}$ un angle plus grand que $\widehat{lad}$, on aurait l'axe d'une ellipse A_1 dont le second axe (perpendiculaire au plan Z) serait égal à $2b$, et dans ce cas le grand axe de l'ellipse A_1 serait égal à $2b$ et serait perpendiculaire au plan Z et non situé dans ce plan Z, comme cela avait lieu pour les ellipses A, A', A'',... ; dès lors les foyers de cette ellipse ne seraient plus situés sur le plan Z, et les constructions précédentes ne pourraient plus être exécutées.

Si l'on trace le cercle δ en entier, on pourra mener par le point a une corde qui fasse avec ad, mais en dessous, le même angle α que la corde aa' fait avec ad, mais en dessus, et il est évident que l'on trouvera deux points s_o et s_o' qui seront situés par rapport à la droite ad ou xy en ordre inverse, mais symétriquement par rapport à cette droite xy avec les points s et s'; la courbe lieu des points s et s' est donc symétrique par rapport à la droite $\overline{ad}$ ou xy; elle passe par les foyers F et F' de l'ellipse; elle est composée de deux branches infinies ξ et ξ', l'une ξ est le lieu des points s..., l'autre ξ' est le lieu des points s'... ; cherchons maintenant la nature géométrique de la courbe *focale* $\xi\xi'$.

Si nous considérons un point quelconque s de la courbe $\xi\xi'$, on aura les deux rayons vecteurs $\overline{sa}$ et $\overline{sd}$, et l'on voit de suite qu'en vertu des constructions précédentes, on a : $\overline{sa} = \overline{sr}$.

Si donc, quelle que soit la position du point s sur la courbe $\xi\xi'$, on a :

$$\overline{rd} = \text{constante},$$

on en conclura que l'on a :

$$\overline{sd} - \overline{sa} = \text{constante},$$

et que dès lors la courbe $\xi\xi'$ est une hyperbole ayant son *axe transverse* situé sur la droite indéfinie $\overline{ad}$ et ayant les points a et d pour *foyers*.

Cherchons donc si, en effet, $\overline{rd}$ est constant. Élevons par le point o, milieu de la corde $\overline{aa'}$, une perpendiculaire à cette corde, et prenons $\overline{on} = b$ (b étant le demi petit axe et de l'ellipse E et de sa projection orthogonale A).

Joignons les points f et n; joignons les points f et o' (o' étant le milieu de $\overline{ad}$).

Cela fait, on a :

$$\overline{on} = b$$

$$\overline{ao'} = a$$

$$\overline{ao} = a' = a \,.\, \cos \alpha$$

$$\overline{fo} = \sqrt{a'^2 - b^2}$$

$$\overline{oo'} = \sqrt{\overline{ao'}^2 - \overline{ao}^2} = \sqrt{a^2 - a'^2}$$

$$\overline{o'f} = \sqrt{\overline{fo}^2 + \overline{oo'}^2} = \sqrt{(a'^2 - b^2) + (a^2 - a'^2)} = \sqrt{a^2 - b^2} = \overline{o'F}$$

Ainsi, $\overline{o'f}$ est constant, quelle que soit la corde $\overline{aa'}$ que l'on considère dans le cercle δ.

Nous pouvons donc énoncer le théorème suivant :

Théorème. *Si l'on projette orthogonalement une ellipse* E *sur une suite de plans* Q, Q′, Q″,… *passant tous par la tangente en l'un des sommets de cette ellipse* E (*le sommet considéré étant l'extrémité du grand axe de la courbe* E), *les foyers des diverses ellipses* A, A′, A″,… *projections orthogonales de la courbe* E, *seront tous situés sur un cercle* δ' *ayant pour centre le centre de la courbe* E *et pour rayon la demi-distance existant entre les foyers de cette même courbe* E.

Ce cercle δ' *sera situé dans un plan* Z *perpendiculaire au plan de l'ellipse* E *et passera par le grand axe de cette courbe.*

Cela posé :

Les deux triangles fao' et rad étant semblables, on a :

$$\overline{rd} : \overline{ad} :: \overline{fo'} : \overline{ao'}$$

ou :

$$\overline{rd} : 2a :: \sqrt{a^2 - b^2} : a$$

d'où :

$$\overline{rd} = \frac{2a}{a} \cdot \sqrt{a^2 - b^2} = 2\sqrt{a^2 - b^2} = \overline{\mathrm{FF'}}$$

Ainsi, $\overline{rd}$ est constant et égal à la distance qui existe entre les *foyers* F et F′ de l'ellipse E.

Nous pouvons donc affirmer que l'hyperbole $\xi\xi'$ a pour *sommets* les *foyers* F et F′ de l'ellipse E, et pour *foyers* les *sommets* a et d de la même courbe E.

Remarquons que la droite fs divise, par construction, en deux parties égales l'angle $\widehat{asd}$; or cette droite fs est l'axe du cône de révolution S ; nous pouvons donc énoncer le théorème suivant :

Théorème. *Les axes des divers cônes de révolution qui passent par une ellipse* E *sont tangents à l'hyperbole focale* $\xi\xi'$ *de cette ellipse, et le sommet de chacun de ces cônes est précisément le point en lequel la* focale $\xi\xi'$ *est touchée par l'axe du cône considéré.*

Si par les points s et s' sommets des cônes de révolution S et S′, points qui sont, ainsi que nous l'avons dit plus haut, des foyers extérieurs et conjugués de l'ellipse E (*fig.* 35), nous menons des plans I et I′ perpendiculaires au plan Z et aux axes $\overline{sf}$ et $\overline{s'f'}$ des cônes S et S′, ces plans couperont le plan Z suivant les droites $\overline{si}$ et $\overline{s'i'}$, lesquelles seront parallèles, parce que les axes $\overline{sf}$ et $\overline{s'f'}$ sont parallèles.

Ces plans I et I′ couperont donc le plan de l'ellipse E suivant des droites I_1 et I_1'

perpendiculaires au grand axe $\overline{ad}$ de l'ellipse E, et ces droites $I_,$ et $I_,'$ passeront respectivement par les points *i* et *i'*.

Or, comme les triangles *sia* et *s'i'd* sont égaux, puisque : 1° $\overline{sa}$ est parallèle à $\overline{s'd}$ et lui est égale, attendu que nous savons que le quadilatère *sas'd* est un parallélogramme ; et 2° que $\overline{si}$ est parallèle à $\overline{s'i'}$, puisque les axes $\overline{sf}$ et $\overline{s'f'}$ sont parallèles, on en conclut que l'on a : $\overline{ia} = \overline{i'd}$.

Ainsi, les *directrices* $I_,$ et $I_,'$ de l'ellipse sont équidistantes des foyers F et F' de cette courbe E.

Et l'on pourra dire que les directrices équidistantes des foyers F et F' de l'ellipse E sont des *directrices conjuguées*, tout comme nous avons dit que les foyers *s* et *s'* étaient *conjugués*.

Or, comme nous savons que pour un point x de l'ellipse E on a toujours, quel que soit ce point x :

$$\overline{sx} + \overline{s'x} = \text{constante}, \qquad (1)$$

et que si l'on abaisse du point x une perpendiculaire sur les directrices $I_,$ et $I_,'$ coupant $I_,$ en q et $I_,'$ en q', on a :

$$\frac{\overline{sx}}{\overline{xq}} = K \qquad (2)$$

et

$$\frac{\overline{s'x}}{\overline{xq'}} = K' \qquad (3)$$

on voit que l'on déduira des équations (2) et (3) :

$$\overline{sx} = K.\overline{xq} \qquad \text{et} \qquad \overline{s'x} = K'.\overline{xq'}$$

et en vertu de l'équation (1), on aura :

$$\overline{sx} + \overline{s'x} = K.\overline{xq} + K'.\overline{xq'} = \text{constante}. \qquad (4)$$

Or il est évident que cette équation (4) ne peut exister qu'autant que l'on a :

$$K = K'$$

Ce résultat a lieu en effet, car les triangles *sai* et *s'di'* étant égaux, on a :

$$\frac{\overline{sa}}{\overline{ai}} = \frac{\overline{s'd}}{\overline{di'}} \quad \text{donc en effet :} \quad K = K'$$

Cela dit :

Si l'on prend deux points, l'un *s* sur la branche ξ de l'hyperbole focale, et l'autre s' sur la seconde branche ξ' de la même courbe, nous voyons que l'on aura toujours, quelle que soit la position du point x sur l'ellipse E :

$$\overline{sx} + \overline{s'x} = \text{constante},$$

lorsque les points s et s' seront des foyers extérieurs et conjugués, lorsque dès lors ces points s et s' seront équidistants du plan de la courbe E. Mais si les points s et s' sont arbitrairement pris sur l'hyperbole $\xi\xi'$, aura-t-on toujours :

$$\overline{sx} + \overline{s'x} = \text{constante?}$$

C'est ce que nous allons chercher.

En se rappelant les théorèmes de MM. Quetelet et Dandelin, on sait que si l'on inscrit une sphère O à un cône de révolution S et à un plan sécant P, le point de contact f du plan P et de la sphère O est le foyer de la section conique E suivant laquelle le plan P coupe le cône S.

On doit aussi se rappeler que la sphère O touche le cône S suivant un cercle δ, et que si l'on mène du sommet s du cône S une droite à un point x quelconque de la courbe E, cette droite coupera le cercle δ en un point d, en sorte que la droite $\overline{sx}$ sera composée de deux parties $\overline{dx}$ et $\overline{sd}$; la partie $\overline{dx}$ variera de longueur avec la position du point x sur la courbe E, mais la partie $\overline{sd}$ sera constante quel que soit le point x de la courbe E; de plus, joignant le point x avec le foyer f, on sait que l'on a : $\overline{fx} = \overline{dx}$.

Cela dit :

En imaginant l'hyperbole focale $\xi\xi'$ de l'ellipse E, si l'on prend deux points arbitraires, l'un s sur l'une des branches ξ et l'autre s' sur l'autre branche ξ', je dis que l'on aura toujours :

$$\overline{sx} + \overline{s'x} = \text{constante},$$

car désignant par a et d les sommets de la courbe E, nous pourrons inscrire un cercle Δ dans le triangle sad et un cercle Δ' dans le triangle $s'ad$, et l'on sait que Δ touchera ad en un point F et Δ' touchera ad en un point F'; et ces points F et F' seront les *foyers* de l'ellipse E et les *sommets* de l'hyperbole focale $\xi\xi'$.

De plus, le cercle Δ touchera les côtés sa et sd en les points m et n, et le cercle Δ' touchera les côtés $s'a$ et $s'd$ en les points m' et n'; en sorte que si l'on prend un point x sur l'ellipse E, l'on aura :

$$\overline{sx} = \overline{xF} + \overline{sm}$$

et

$$\overline{s'x} = \overline{xF'} + \overline{s'm'}$$

On a donc évidemment :

$$\overline{sx}+\overline{s'x}=(\overline{xF}+\overline{xF'})+(\overline{sm}+\overline{s'm'})=\text{constante},$$

car l'on sait que :

$$\overline{xF}+\overline{xF'}=\text{constante}=\overline{ad}$$

et que :

$$sm+s'm'=\text{constante},$$

quelle que soit la position du point x sur l'ellipse E. (Voyez le *Cours de géométrie descriptive*, 2e partie.

Ainsi, nous sommes assuré que, quelle que soit la position des points s et s' sur l'hyperbole focale, on aura toujours :

$$\overline{sx}+\overline{s'x}=\text{constante}. \qquad (a)$$

Or, pour construire (*fig.* 36) la directrice de l'ellipse E correspondant au point s, il faut mener par ce point s une normale à l'hyperbole focale et venant couper la droite $\overline{ad}$ en un point i. On fera la même chose pour le point s', et l'on aura le point i'. Dès lors les droites I et I' perpendiculaires au plan Z et passant par les points i et i' seront les *directrices* de l'ellipse E par rapport aux *foyers extérieurs* situés sur la focale $\xi\xi'$; si du point x de l'ellipse E on mène des perpendiculaires aux droites I et I', on aura :

$$\overline{xq} \text{ et } \overline{xq'} \quad \text{or} \quad \overline{xq}=\overline{x^h i} \text{ et } \overline{xq'}=\overline{x^h i'}$$

et nous aurons dès lors :

$$\frac{\overline{sx}}{\overline{x^h i}}=\text{K} \quad \text{et} \quad \frac{\overline{s'x}}{\overline{x^h i'}}=\text{K}'$$

et comme :

$$\overline{x^h i}+\overline{x^h i'}=\overline{ii'}=\text{constante} \qquad (b)$$

on voit qu'en vertu des équations (a) et (b) on devra avoir : K$=$K'.

Ainsi, il est démontré que, quelle que soit la position des foyers s et s' sur l'hyperbole focale, on aura toujours :

$$\frac{\overline{sx}}{\overline{x^h i}}=\frac{\overline{s'x}}{\overline{x^h i'}}$$

On peut donc énoncer le théorème suivant (*fig.* 37) :

Théorème. *Étant donnés une hyperbole $\xi\xi'$, son axe transverse* FF' *et ses foyers* a *et* d, *si l'on prend sur la branche ξ un point* s *et sur la branche ξ' un point* s', *si l'on construit en* s *et* s' *les tangentes θ et θ' à l'hyperbole, si l'on mène les droites* sa *et* s'd *et les normales en* s *et* s' *à l'hyperbole, ces normales coupant l'axe* FF', *l'une en* m *et l'autre en* m', *je dis que si d'un point quelconque* x *de la droite* $\overline{ad}$ *on abaisse des perpendiculaires, l'une sur la tangente* θ *et qu'on la prolonge jusqu'en* q *sur la droite* sa, *et l'autre sur la tangente* θ', *et qu'on la prolonge jusqu'en* q' *sur la droite* s'd, *je dis que l'on aura toujours, pour tout point* x (*situé sur* $\overline{ad}$ *entre les points* a *et* d') :

$$\frac{\overline{sq}}{\overline{xm}} = \frac{\overline{s'q'}}{\overline{xm'}}$$

On peut encore énoncer le théorème suivant (*fig.* 38) :

THÉORÈME. *Étant donnée une hyperbole, si par divers points* s, s', s'',... *de cette courbe, on mène les normales* N, N', N'',... *à cette hyperbole, ces normales coupant l'axe transverse en les points* n, n', n'',... ; *si l'on unit le foyer* F *de l'hyperbole avec les points* s, s', s'',... *on aura toujours :*

$$\frac{\overline{sF}}{\overline{Fn}} = \frac{\overline{s'F}}{\overline{Fn'}} = \frac{\overline{s''F}}{\overline{Fn''}} = \text{etc.} = K\ (*)$$

(*) Les diverses normales *sn*, *s'n'*, *s''n''*,... (*fig.* 38) menées à l'hyperbole sont les enveloppées d'une courbe *cc'* symétrique par rapport à l'axe transverse de l'hyperbole (puisque cette hyperbole est elle-même symétrique par rapport à cet axe), et elle a un point de rebroussement en un certain point *l* situé sur l'axe transverse.

Chacun des points de la courbe *cc'* étant déterminé par l'intersection de deux normales successives et infiniment voisines, se trouve être un centre de courbure de l'hyperbole. Le point de rebroussement *l* sera donc le centre de courbure de la branche *ξ'* de l'hyperbole pour son sommet *a* ; et l'on aura d'après le théorème ci-dessus :

$$\frac{\overline{aF}}{\overline{Fl}} = K$$

La directrice de l'ellipse E (dont l'hyperbole *ξξ'* est la focale) ayant FF' pour grand axe et les points *a* et *a'* pour foyers, aura pour *directrice* relative au foyer *a'* une droite L perpendiculaire à l'axe FF' et passant par le point *l*, et comme nous savons déjà que pour l'ellipse, K est plus petit que l'unité, on a :

$$\overline{aF} < \overline{Fl}$$

Nous pouvons donc déjà conclure que pour une hyperbole son centre de courbure *l*, pour son sommet *a*, est situé sur l'axe transverse et au delà du foyer F.

Et comme nous savons qu'en traçant un cercle *δ* inscrit au triangle F'*s*'F, le point *s'* étant arbitrairement pris sur l'hyperbole focale, ce cercle touche FF' au point *a*, foyer de l'ellipse E, et que la droite *pq*, qui unit les contacts de ce cercle *δ* avec les côtés $\overline{s'F'}$ et $\overline{s'F}$, passe par le point *l*, c'est-à-dire par le point en lequel la directrice L de l'ellipse E perce son grand axe prolongé, on voit de suite que cette propriété nous fournira une construction très-simple du centre de courbure *l* d'une hyperbole *ξξ'* pour son sommet *a* (*fig.* 38).

Ayant construit le point *l*, centre de courbure d'une hyperbole donnée par son tracé et dont on connaît

§ XXII.

Focale de l'hyperbole.

Ayant discuté en détail la *focale* de l'ellipse, nous pourrons abréger la discussion relative à la focale de l'hyperbole et aussi celle relative à la focale de la parabole.

Dès lors étant donnée une hyperbole E sur le plan horizontal, ayant pour *centre* le point o', pour *sommets* les points a et d et pour *foyers* les points F et F' (*fig.* 39), nous pourrons ne considérer que la figure tracée dans le plan vertical M passant par l'axe transverse de cette courbe E.

Nous désignerons le demi grand axe $\overline{ao'}$ de l'hyperbole E par a, son demi petit axe par b (appelant demi-axe une droite qui, menée par le centre o et perpendiculairement à l'axe transverse, a pour longueur la partie de la tangente θ menée au sommet a de la courbe qui se trouve interceptée entre ce sommet a et l'asymptote $\underline{I}$).

Nous tracerons sur l'axe transverse $\overline{ad}$ comme diamètre un cercle δ, et sur $\overline{ao'}$ comme diamètre un cercle δ'.

Par le point a nous mènerons une corde arbitraire $\overline{aa'}$ qui sera coupée par le cercle δ' en un point o milieu de cette corde.

La corde aa' sera la projection verticale sur le plan M de l'hyperbole A, laquelle hyperbole A est sur le plan P (perpendiculaire au plan M et ayant pour trace sur ce plan M la corde aa'), la projection orthogonale de l'hyperbole E; de plus cette corde $\overline{aa'}$ sera l'axe transverse de la courbe A.

---

les sommets a et a' et les foyers F et F', on pourra construire la normale en un point quelconque s'' de cette hyperbole (*fig.* 38), car on mènera la droite $\overline{s''F}$ et l'on construira la droite $\overline{Fn''}$ au moyen de la proportion :

$$\overline{Fn''} : \overline{s''F} :: \overline{lF} : \overline{Fa}$$

Et en joignant les points n'' et s'' on aura la normale au point s'' de la branche ξ' de l'hyperbole donnée.

Construction par points de l'hyperbole.

Ce qui précède nous permet de construire par *points* une hyperbole dont on connait (*fig.* 36 bis) l'axe transverse $\overline{FF'}$ et les foyers a et d.

En effet :

On décrira sur $\overline{FF'}$ comme diamètre un cercle $\mathcal{C}$; du foyer a on mènera une sécante arbitraire coupant le cercle $\mathcal{C}$ aux points f et f' ; on élèvera en f et f' deux perpendiculaires γ et γ' à la sécante af'; on portera sur cette sécante af' les distances $\overline{fr} = \overline{fa}$ et $\overline{f'r'} = \overline{f'a}$ et l'on aura les deux points r et r' ; les droites rd et $r'd$ couperont respectivement les perpendiculaires γ et γ' en les points s et s' qui appartiendront à l'hyperbole.

Pour obtenir les asymptotes de l'hyperbole on mènera par le foyer a deux tangentes au cercle $\mathcal{C}$, et le touchant l'une au point y et l'autre au point y', les droites $o'y$ et $o'y'$ seront les asymptotes demandées.

Les foyers f et f' de l'hyperbole A seront évidemment dans le plan M et situés sur la corde aa', et je dis qu'ils seront de plus sur le cercle $\mathfrak{C}$ décrit du point o' comme centre et avec $\overline{o'F}$ pour rayon.

En effet :

Menons par le point a une droite perpendiculaire à la corde aa', et prenons sur cette perpendiculaire une longueur $\overline{az} = b =$ le demi petit axe de l'hyperbole E.

Nous aurons :

$$\overline{ao'} = a$$
$$\overline{az} = b$$
$$\overline{ao} = a'$$

F étant le foyer de l'hyperbole E, on aura :

$$\overline{Fo'}^2 = a^2 + b^2$$

Si f est le foyer de l'hyperbole A, on a :

$$\overline{fo}^2 = a'^2 + b^2$$

Dans le triangle rectangle aoo', on a :

$$\overline{o'o}^2 = \overline{ao'}^2 - \overline{ao}^2 = a^2 - a'^2$$

Dans le triangle rectangle foo', on a :

$$\overline{fo'}^2 = \overline{fo}^2 + \overline{oo'}^2 = (a'^2 + b^2) + (a^2 - a'^2) = a^2 + b^2 = \overline{o'F}^2$$

Ainsi, il est démontré que les foyers f,... et f',... des diverses hyperboles A,... projections orthogonales de l'hyperbole E sur les divers plans P,... perpendiculaires au plan M et ayant pour trace horizontale la tangente θ en le sommet a de l'hyperbole E, sont tous distribués sur le cercle $\mathfrak{C}$ (*).

(*) Nous avons vu que les foyers des projections orthogonales d'une ellipse E ou d'une hyperbole E_1, sur les divers plans P, P', P'',... passant par la tangente en l'un des sommets a, extrémité du grand axe de l'ellipse E ou extrémité de l'axe transverse de l'hyperbole E_1, étaient tous placés sur un cercle $\mathfrak{C}$ situé dans le plan M, qui, passant par le grand axe de l'ellipse E ou l'axe transverse de l'hyperbole E_1, était perpendiculaire au plan sur lequel était tracée cette courbe E ou E_1, et que ce cercle $\mathfrak{C}$ avait pour centre le centre de la courbe E et E_1, et pour rayon la distance de ce centre à l'un des foyers de cette courbe E ou E_1.

L'hyperbole donnée E_1 se projette toujours sur les plans P, P', P'',... suivant une hyperbole dont l'axe transverse est toujours située dans le plan M ; mais l'ellipse donnée E se projette sur les plans P, P', P'',... suivant deux séries d'ellipses, les unes ont leurs grands axes situés dans le plan M, les autres ont leurs grands axes perpendiculaires à ce plan M.

Et le passage entre ces deux séries d'ellipses, projections orthogonales de l'ellipse E, est déterminée

Cela dit, démontrons que les sommets s des cônes de révolution qui passent par l'hyperbole E sont tous situés sur une ellipse tracée dans le plan M et ayant FF' pour grand axe et les points a et d pour *foyers*.

Il faut donc démontrer que l'on a :

$$\overline{sa} + \overline{sd} = \text{constante.}$$

Or si l'on prolonge la droite sd jusqu'à sa rencontre avec la corde aa', on aura

---

par une ellipse A_1, projection orthogonale qui est telle, que ses axes sont égaux, c'est-à-dire par une ellipse A_1 qui n'est autre qu'un cercle.

On voit donc que pour l'ellipse E les foyers de ses projections orthogonales sur les divers plans P, P', P'',... doivent être distribués sur deux courbes, l'une qui ne sera autre que le cercle $\mathcal{C}$, et l'autre qui sera une courbe à double courbure μ, que nous allons déterminer.

Prenons (*fig.* 39 bis) pour plan vertical de projection le plan M, et ne traçons sur le plan horizontal que la demi-ellipse E, qui se trouve en avant du plan M.

Désignons par a le demi grand axe et par b le demi petit axe de la courbe donnée E.

Le demi petit axe b sera perpendiculaire à la ligne de terre LT.

Les points f et f' étant les foyers de l'ellipse donnée E, le cercle $\mathcal{C}$ aura pour diamètre $\overline{ff'}$.

Menant par le sommet a de l'ellipse E une série de droites V^p, $V^{p'}$, $V^{p''}$,... on aura les traces verticales des plans P, P', P'',... sur lesquels on doit projeter orthogonalement l'ellipse donnée E.

Décrivant sur $\overline{aa'}$, grand axe de l'ellipse E, et comme diamètre un cercle δ; ce cercle placé dans le plan vertical de projection (ou dans le plan M) interceptera sur les droites V^p,... des cordes, qui seront les grands axes des ellipses projections orthogonales de l'ellipse E.

Menant par le sommet a une corde qui soit égale à $2b$ (petit axe de l'ellipse E), on aura une tangente au cercle $\mathcal{C}$.

A partir de cette corde, toutes les demi-cordes menées par le point a dans le cercle δ, seront plus petites que b, et dès lors on aura pour projections orthogonales de l'ellipse E, des ellipses dont le grand axe sera constant et égal à $2b$, et qui sera perpendiculaire au plan vertical de projection (ou perpendiculaire au plan M), en sorte que les foyers de ces ellipses seront situés hors du plan vertical de projection M.

Il est évident que tous ces foyers sont distants du point a d'une quantité égale à b (demi petit axe de l'ellipse donnée E).

Il est encore évident que tous ces foyers se projettent verticalement sur le cercle δ', qui passe par les milieux des cordes qui sont menées dans le cercle $\mathcal{C}$ par le point a, point qui est situé sur ce cercle $\mathcal{C}$. Il est aussi évident que les cercles $\mathcal{C}$ et δ' sont tangents au point a.

On peut donc énoncer le théorème suivant :

THÉORÈME. *La courbe μ (à double courbure), lieu des foyers des projections orthogonales d'une ellipse donnée* E, *sur les divers plans passant par la tangente θ en son sommet* a (*extrémité du grand axe*), *est, lorsque les ellipses projections orthogonales ont leur grand axe dirigé perpendiculairement au grand axe de l'ellipse* E, *une courbe à double courbure qui n'est autre que l'intersection d'une sphère* S *décrite du sommet* a *comme centre et avec un rayon égal au demi petit axe* b *de l'ellipse* E, *et sur un cylindre Σ de révolution ayant pour section droite le cercle décrit sur le demi grand axe de l'ellipse* E *comme diamètre, ce cylindre ayant ses génératrices droites parallèles au plan de l'ellipse* E.

Ainsi le cylindre Σ a une de ses génératrices droites qui passe par le centre de la sphère S, et son rayon est plus grand que celui de cette sphère.

Ce qui précède nous conduit tout naturellement à examiner quel est le *lieu* des foyers des ellipses

le point a_1 ; et il est évident que l'on aura : $\overline{sa}=\overline{sa_1}$, puisque la droite sf est une perpendiculaire sur aa'.

Pour démontrer le théorème énoncé, il suffit donc de prouver que la droite $\overline{ad_1}$ est constante de longueur.

Les deux triangles afo' et aa_1d sont semblables, puisque l'on a :

$$\overline{af}=\tfrac{1}{2}\overline{aa_1} \quad \text{et} \quad \overline{ao'}=\tfrac{1}{2}.\overline{ad}$$

Dès lors les droites fo' et a_1d sont parallèles.

La similitude de ces deux triangles donne la proportion suivante :

$$\overline{da_1}:\overline{o'f}::\overline{ad}:\overline{o'a} \quad \text{ou} \quad \overline{da_1}:\sqrt{a^2+b^2}::2a:a \quad \text{d'où}: \quad \overline{da_1}=2\sqrt{a^2+b^2}=\text{FF}'$$

projections orthogonales d'une ellipse donnée E, sur les divers plans passant par la tangente θ' menée en l'extrémité n du petit axe de cette ellipse E.

Dans ce cas les foyers de toutes les ellipses projections orthogonales seront situés sur des droites parallèles au plan M, qui, passant par le grand axe de l'ellipse donnée E, est perpendiculaire au plan de cette courbe E.

Dès lors tous ces foyers seront sur un cylindre de révolution ayant la tangente θ' pour une de ses génératrices droites, et ayant pour section droite un cercle δ' dont le diamètre sera égal au demi petit axe b de l'ellipse E.

En outre tous ces foyers seront sur une sphère dont le centre sera en le point n et dont le rayon sera égal au demi grand axe a de l'ellipse E.

Ainsi lorsque les plans sur lesquels l'on projette orthogonalement une ellipse E passent tous par la tangente θ menée au sommet a, qui est l'extrémité du grand axe de cette courbe E, les foyers des ellipses projections orthogonales sont situés sur deux courbes, l'une est plane, c'est un cercle, l'autre est à double courbure.

Lorsque les plans sur lesquels l'on projette orthogonalement une ellipse E passent tous par la tangente θ' menée au sommet qui est l'extrémité du petit axe de cette courbe E, les foyers des ellipses projections orthogonales sont situés sur une seule courbe qui est à double courbure.

Cette courbe à double courbure est, dans ***le premier cas***, l'intersection de la sphère S ayant son rayon égal au demi petit axe de l'ellipse E et d'un cylindre Σ de révolution dont l'une des génératrices droites passe par le centre de cette sphère, et dont le diamètre de la section droite est égal au demi grand axe de la même courbe E; et dans ce premier cas la courbe intersection de la sphère S et du cylindre Σ est une courbe d'***arrachement***.

Dans ***le second cas*** la sphère S a pour rayon le demi grand axe de l'ellipse E, et le cylindre Σ a pour diamètre le demi petit axe de la même courbe E; dans ce second cas la courbe intersection de la sphère S et du cylindre Σ est composée de deux branches ou courbes fermées, branche d'***entrée*** et branche de ***sortie***.

Enfin si au lieu de prendre une ellipse E on prenait un cercle E et qu'on le projetât orthogonalement sur une suite de plans P, P', P'',... qui passeraient tous par une droite θ tangente en un point a de ce cercle E, on obtiendrait une suite d'ellipses projections orthogonales dont les foyers seraient sur la courbe intersection ξ d'une sphère S ayant le point a pour centre et pour rayon le rayon ρ du cercle donné E, et sur un cylindre Σ de révolution dont les génératrices droites seraient parallèles à la tangente θ (laquelle tangente θ serait une de ses génératrices droites), et dont la section droite aurait pour diamètre le rayon ρ.

En sorte que cette courbe d'intersection ξ aurait un ***point multiple*** qui ne serait autre que le point en lequel la sphère S et le cylindre Σ sont tangents l'un à l'autre.

Ainsi, il se trouve démontré que le lieu des sommets des cônes de révolution qui passent par l'hyperbole E est une ellipse ξ ayant pour *sommets* les foyers F et F' de cette hyperbole E, et pour *foyers* les sommets a et d de cette même courbe E.

De plus, comme la droite fs divise en deux parties égales l'angle $\widehat{asa_1}$, la droite $\overline{fs}$ sera une tangente à l'ellipse ξ. Démontrons maintenant que l'ellipse ξ est la *focale* de l'hyperbole E.

Ayant l'hyperbole A, projection orthogonale sur le plan P de l'hyperbole E, les foyers f et f' de l'hyperbole A étant déterminés et situés, comme nous le savons, sur le cercle 6, nous mènerons par ces points f et f' et dans le plan M des perpendiculaires à la corde aa' ou V^v, en un mot à l'axe transverse de l'hyperbole A, et ces perpendiculaires couperont l'ellipse ξ en les points s et s'.

Nous voyons donc de suite que les points s et s' sont les sommets des deux cônes de révolution S et S' qui passent par la courbe E et nous reproduisons la *fig.* 18, en sorte que pour un point quelconque x de la courbe E, on aura :

$$\overline{s'x} - \overline{sx} = \text{constante}.$$

Les points s et s' seront dits *foyers conjugués et extérieurs* de l'hyperbole E.

En menant par les points s et s' des plans perpendiculaires aux axes sf et $s'f'$ des cônes S et S', ces plans couperont le plan de l'hyperbole E suivant deux droites I et I' qui seront les *directrices* de l'hyperbole E par rapport et respectivement aux foyers conjugués s et s'.

Il est évident que les droites I et I' sont équidistantes du centre o' de la courbe E.

En construisant une sphère tangente au cône S et au plan de l'hyperbole E, on démontrerait, d'après les théorèmes de MM. Quetelet et Dandelin, que cette sphère est tangente au plan de la courbe E en un point qui n'est autre que le foyer de cette courbe; et l'on serait ainsi conduit à la démonstration exposée dans le *Cours de géométrie descriptive*, savoir : que si l'on prend deux points arbitraires s_0 et s_0' sur l'ellipse ξ, on a toujours :

$$\overline{s_0'x} - \overline{s_0x} = \text{constante},$$

quelle que soit la position du point x sur l'hyperbole E.

Nous pouvons aussi, en appliquant à l'hyperbole E les mêmes raisonnements que ci-dessus (voy. la note, page 56), démontrer que le centre de courbure, de l'ellipse ξ pour son sommet, est précisément le point en lequel son grand axe est coupé par la directrice de l'hyperbole E, cette directrice étant relative au foyer F de cette hyperbole E, c'est-à-dire au foyer de la courbe E, qui est situé dans le plan de cette courbe E, etc.

Construction par points de l'ellipse.

Ce qui précède nous permet de construire par *points* une ellipse dont on connaît le grand axe et les foyers.

En effet :

Soient a et d les *foyers* et F et F′ les *sommets* d'une ellipse à construire (*fig.* 39 *ter*).

Sur $\overline{FF'}$ et sur $\overline{ad}$ comme diamètres, on décrira les deux cercles concentriques β et δ.

Par le point a on mènera une sécante arbitraire coupant le cercle δ en le point a' et le cercle β en les points f et f', on élevera en f et f' des perpendiculaires à la sécante aa' ; on déterminera le point a_1 en prenant $\overline{fa_1} = \overline{fa}$ et le point a_1' en prenant $\overline{f'a_1'} = \overline{f'a}$.

Cela fait, les droites a_1d et $a_1'd$ couperont respectivement les perpendiculaires (élevées en f et f') en les points s et s' qui appartiendront à l'ellipse demandée.

§ XXIII.

Focale de la parabole.

Nous avons vu que lorsqu'on avait une ellipse E, le lieu des foyers f,... et f',... des diverses ellipses A,... projections orthogonales de l'ellipse E sur la série des plans P,... passant tous par la tangente θ menée au sommet a de la courbe E, était un cercle β décrit sur la distance FF′ (des foyers F et F′ de l'ellipse) comme diamètre.

Ce cercle β augmentera donc de rayon à mesure que la distance $\overline{FF'}$ grandira, et dès lors il est évident que si l'on suppose que le foyer F reste fixe et que le foyer F′ s'éloigne indéfiniment, l'ellipse E deviendra une *parabole* lorsque le foyer F′ sera à une distance infinie du foyer F, et le cercle β deviendra une *droite* perpendiculaire à l'axe infini de la parabole, cette droite β passera par le foyer F de la parabole E et sera située dans le plan M qui, passant par l'axe infini de la parabole E, est perpendiculaire au plan de cette parabole.

Nous pouvons donc énoncer le théorème suivant (*fig.* 40) :

Théorème. *Étant donnés une parabole* E, *son sommet* a, *son foyer* F, *sa directrice* D; *ayant tracé la tangente* θ *en son sommet* a; *menant par la droite* θ *une série de plans* P, P′, P″,... *si l'on projette orthogonalement la parabole* E *sur chacun de ces plans* P, P′, P″,... *on obtiendra une série de paraboles* A, A′, A″,... *dont les foyers* f, f′, f″,... *seront situés sur une droite* β, *laquelle sera perpendiculaire au plan de la parabole* E *et passera par le foyer* F *de cette parabole* E. *Les directrices* I, I′, I″,... *des paraboles* A, A′, A″,... *seront situées dans un plan* Z *perpendiculaire au plan de la parabole* E *et le coupant suivant la directrice* D *de cette parabole* E.

Cela posé, cherchons la *focale* de la parabole (*fig.* 41) :

a étant le sommet de la parabole E, F son foyer et d le point en lequel sa directrice D perce son axe infini xy (prenant le plan vertical Z, passant par l'axe infini, pour plan vertical de projection), nous mènerons par le point a une série de droites A^v, A'^v,... qui couperont la droite $\mathit{6}$ menée par le point F perpendiculairement à xy.

Nous mènerons ensuite une droite γ parallèle à la droite $\mathit{6}$, et cela par un point g situé sur xy de telle manière que l'on ait : $\overline{gF} = \overline{Fa}$.

Les droites A,... couperont la droite γ en des points a_1,..., et il est évident que l'on aura : $\overline{fa_1} = \overline{fa}$,...

Si par le point a_1 on mène une parallèle à xy, elle coupera en un point s la perpendiculaire menée par le point f à A^v.

Les divers points s,... seront les sommets des divers cônes de révolution S,... qui enveloppent la parabole E, donnée sur le plan horizontal.

Or il est évident que l'on a :

$$\overline{sa} = \overline{sa_1} \qquad \overline{s'a} = \overline{s'a_1'},\ldots$$

Il se trouve donc démontré que le *lieu* des points s, s',... est une parabole ξ ayant xy pour axe infini, ayant pour *sommet* le foyer F de la parabole E et pour *foyer* le sommet a de cette même courbe E. Les deux paraboles E et ξ sont donc identiques, superposables, seulement elles sont tournées en sens inverse, et situées dans des plans différents rectangulaires entre eux.

On démontrerait, comme pour l'ellipse, que le point d est le centre de courbure de la parabole ξ par rapport à son sommet F. Ainsi l'on peut énoncer le théorème suivant :

Théorème. *Le rayon de courbure pour le sommet d'une parabole est égal à deux fois la distance du foyer au sommet de cette courbe.*

Et en vertu de ce qui a été démontré au sujet de la *focale* : 1° de l'ellipse, 2° de l'hyperbole, et 3° de la parabole, nous pouvons encore énoncer les théorèmes suivants :

Théorème. ***Le lieu des sommets des cônes de révolution passant par une section conique, est la* FOCALE *de cette section conique.***

Théorème. ***Les axes des divers cônes de révolution, qui passent par une section conique, sont tangents à la* FOCALE *de cette section conique.***

§ XXIV.

Les constructions par *points* que nous avons données pour l'*ellipse*, page 26, pour l'*hyperbole*, page 36, et pour la *parabole*, page 44, peuvent être appliquées sur le terrain pour tracer au moyen : 1° de *jalons*, 2° d'une équerre, et 3° d'une chaîne d'arpenteur, soit une ellipse, soit une hyperbole et soit une parabole dont on connaît sur le terrain la position des sommets et des foyers, ces points, *sommets* et *foyers*, étant fixés de position sur le terrain au moyen de piquets ou de jalons, et ces sommets et foyers étant les seules choses connues des sections coniques à construire par *points* sur le terrain.

Et en effet :

Si (*fig.* 43) on imagine le cercle δ tangent à l'axe de l'ellipse A et au sommet a, le centre m de ce cercle δ étant sur la tangente θ menée à l'ellipse A en son sommet A, nous savons que les tangentes à ce cercle δ, lorsqu'elles émanent des deux foyers f et f' de l'ellipse A, se croisent en un point x de cette section conique A.

Nous savons aussi que la même construction s'applique à l'hyperbole et à la parabole.

Cela posé :

Il nous serait impossible de tracer le cercle δ sur le terrain et de lui construire une tangente émanant d'un point extérieur donné ; car l'on ne peut pas opérer sur le terrain (surtout lorsque le rayon du cercle δ sera de plusieurs *dizaines* de mètres) comme on opère dans le cabinet en traçant une *épure*, au moyen de la règle, de l'équerre et du compas.

Sur le terrain, l'on doit fixer les *points* au moyen de *jalonnements* et de *longueurs métriques* portées, dans une direction rectiligne donnée, au moyen de la chaîne d'arpenteur.

Voyons donc comment nous pouvons nous dispenser de tracer sur le terrain le cercle δ, et tracer cependant la direction de sa tangente émanant du foyer f de l'ellipse à construire par points.

Si l'on joint le centre m du cercle δ avec le foyer f par une droite, la droite $\overline{xy}$ perpendiculaire sur $\overline{mf}$ passera par le point y, point de contact de la tangente au cercle δ et émanant du foyer f ; de plus on a : $\overline{ra} = \overline{ry}$.

Nous pourrons donc fixer sur le terrain la position du point y de la manière suivante :

Se plaçant en station en m sur la tangente θ, tracée, au moyen d'un jalonnement et de l'équerre d'arpenteur, perpendiculairement à l'axe $\overline{aa'}$ de l'ellipse à tracer, et dès lors tangente en le sommet a de cette courbe, nous ferons placer un piquet ou jalon q

dans la direction *mf* (*f* étant l'un des foyers, fixé de position sur le terrain par un jalon). Cela fait, il sera facile de cheminer du point *m* dans la direction *mfq*, et au moyen de l'équerre d'arpenteur il sera facile de trouver sur cette direction *mf* le point *r* par lequel passe la perpendiculaire *ar* à cette direction $\overline{mf}$.

On placera un piquet *r*; on mesurera avec la chaîne d'arpenteur la longueur $\overline{ar}$, en se conservant dans la direction *ay* au moyen du jalon *s*, et l'on portera avec la chaîne d'arpenteur la longueur $\overline{ar}$ de *r* en *y*.

Le point *y* étant fixé de position par un piquet, la direction *yf* de la première tangente sera déterminée.

On fixera de même le point de contact *y'* de la seconde tangente *y'f'* au cercle ϐ, et en faisant cheminer un jalon sur la direction *fy*, on arrivera à le placer en *x* sur la direction *y'f'*. Ce point *x* sera un point de l'ellipse demandée.

On changera la position du point *m* sur la droite θ, on recommencera l'opération et l'on déterminera un nouveau point *x'* de l'ellipse donnée par les sommets *a* et *a'* et ses foyers *f* et *f'*.

La *fig.* 44 indique les constructions pour l'*hyperbole*.

La *fig.* 45 indique les constructions pour la *parabole*.

Si, au lieu d'avoir à tracer par points une *ellipse*, on avait un *cercle*, on remarquerait que le cercle est une ellipse dont le centre et les deux foyers se réunissent en un seul point.

Alors les deux tangentes $\overline{fy}$ et $\overline{f'y'}$ au cercle ϐ se réunissent en une seule tangente à ce cercle ϐ et émanant du centre du cercle à tracer par points; et les points *y*, *y'* et *x* se confondent en un seul et même point, qui n'est autre que le point de contact du cercle ϐ et de sa tangente émanant du centre du cercle à décrire; et ce point de contact est précisément un des points du cercle à décrire.

On voit donc que l'on pourra employer la même construction pour le tracé par points d'un cercle dont on connaîtra, sur le terrain, la position du centre et la longueur du rayon, ou mieux un point *a* de ce cercle (ce point *a* et le centre du cercle étant fixés de position, sur le terrain, au moyen de *piquets* ou de *jalons*).

La construction que nous employons pour tracer par *points* une ellipse, un cercle, une hyperbole et une parabole étant la même pour ces quatre courbes, nous sommes conduit à remarquer que la section conique ne peut offrir que quatre *formes différentes*.

Et en effet :

Cette construction étant fondée sur les *foyers*, nous voyons de suite que si la courbe a deux foyers, ils ne peuvent avoir que les positions suivantes :

1° Si les foyers sont situés entre les sommets, ils peuvent être éloignés du centre ou se confondre avec le centre de la courbe, de là l'*ellipse* et le *cercle* ;

2° Si les foyers sont situés au delà des sommets, on aura l'*hyperbole;*

3° Si l'un des foyers est à l'infini, alors on aura la *parabole.*

Une seule objection peut être faite, c'est que si l'on ne considère pas les courbes comme des sections faites dans un cône, auquel cas on reconnaît que les *sommets* et les *foyers* ne peuvent pas être placés entre eux autrement que nous venons de le dire, mais si seulement on examine ces courbes comme tracées sur un plan, on pourrait avoir à considérer une position nouvelle, celle où l'un des *foyers* serait situé entre les *sommets*, l'autre foyer étant situé en dehors des *sommets.*

Mais si l'on examine bien la construction que nous avons employée, on verra de suite que nous ne considérons jamais qu'un seul *sommet* a et les deux *foyers* f et f'; en sorte que les positions indiquées ci-dessus sont les seules possibles.

Et ainsi :

1° Les deux foyers f et f' étant situés tous deux à droite ou à gauche du sommet a;

Les foyers étant éloignés du centre, on a l'*ellipse;*

Les foyers et le centre étant confondus en un seul point, on a le *cercle;*

2° Les deux foyers f et f' étant situés l'un à droite et l'autre à gauche du sommet a, on a l'*hyperbole;*

3° L'un des foyers f' étant à l'infini, le foyer f sera ou à droite ou à gauche du sommet a, alors on a la *parabole.*

Ainsi, la construction employée, non-seulement sert à tracer les sections coniques, mais elle vérifie qu'elles ne peuvent avoir que quatre formes différentes.

NOTE A

Relative aux deux théorèmes énoncés page 50 (fig. 42).

Étant donnés un cône de révolution S ayant le point s pour sommet (*fig.* 42), ayant son axe Y vertical et ayant pour trace horizontale un cercle C, nous mènerons par l'axe Y un plan méridien M parallèle au plan vertical de projection; ce plan M coupera le cône S suivant deux génératrices extrêmes. Sur l'une d'elles nous prendrons un point a et un second point l qui sera le milieu de la longueur $\overline{sa}$.

Cela fait :

Par le point a, nous mènerons une suite de plans Q, Q', Q'',... perpendiculaires au plan vertical de projection et coupant le cône S, et respectivement suivant des ellipses A, A', A'',... les points o^v, o'^v, o''^v,... *milieu* des *cordes* a^vb^v, $a^vb'^v$, $a^vb''^v$,... interceptées par les projections verticales des deux génératrices extrêmes du cône S, seront les projections verticales des centres o, o', o'',... des ellipses A, A', A'',... et en même temps les projections verticales des petits axes de ces ellipses.

Les centres o, o', o'',... ainsi que les extrémités des petits axes seront sur un plan sécant au cône S et parallèle à la génératrice extrême sb''; ce plan coupera donc le cône S suivant une parabole E ayant le point l pour sommet, et la projection E^h aura pour *sommet* le point l^h et pour *foyer* le point s^h ou Y^h (cela est évident par le premier théorème énoncé page 50). Et la courbe E^h passera par les extrémités des projections horizontales des petits axes des ellipses A, A', A'',... Ces petits axes sont horizontaux. L'*épure* 42 renferme toutes les constructions graphiques; il suffit donc de lire cette épure pour y retrouver en son entier le second théorème de la page 50. Ainsi le second des théorèmes de la page 50 (*fig.* 42) se trouve démontré.

Passons au troisième théorème de la page 50 (*fig.* 42).

Si par le point a (indiqué ci-dessus), nous faisons passer une série de plans sécants, mais donnant pour sections dans le cône S, non des ellipses mais des hyperboles, nous pourrons diriger ces plans sécants perpendiculairement au plan vertical de projection et parallèlement et respectivement aux plans qui, perpendiculaires aussi au plan vertical de projection, passeront par le sommet s du cône S et par les petits axes des ellipses A, A', A'',... nous obtiendrons ainsi les plans R, R', R'',... et coupant le cône S suivant des hyperboles B, B', B'',...

Cela posé:

Les *milieux* i^v, i'^v, i''^v,... des projections verticales des axes transverses ad, ad', ad'',... des hyperboles B, B', B'',... seront tous évidemment situés sur la droite E^v.

Évidemment les points i^v, i'^v, i''^v,... seront les projections verticales des centres des hyperboles B, B′, B″,... et en même temps ces points i^v, i'^v, i''^v,... seront les projections verticales des axes non transverses et horizontaux de ces mêmes hyperboles de section B, B′, B″,...

Cela posé:

Je dis que l'axe non transverse de l'hyperbole B est égal en longueur au petit axe de l'ellipse A, et qu'il en est de même pour l'ellipse A′ et l'hyperbole B′, pour l'ellipse A″ et l'hyperbole B″, etc.; en sorte que l'on pourra dire que les ellipses A, A′, A″,... sont *conjuguées* aux hyperboles B, B′, B″,...

Et en effet:

Par construction, les plans X, X′, X″,... qui passent par le sommet s du cône S et respectivement par les petits axes des ellipses A, A′, A″,... sont parallèles aux plans R, R′, R″,... des hyperboles B, B′, B″,...

Par conséquent, les génératrices du cône S suivant lesquelles ce cône est coupé par les plans X,... savoir:

G et G_1 dans le plan X
G′ et G_1' dans le plan X′
G″ et G_1'' dans le plan X″
etc.

seront respectivement parallèles aux asymptotes:

I et I_1 de l'hyperbole B
I′ et I_1' de l'hyperbole B′
I″ et I_1'' de l'hyperbole B″
etc.

Par conséquent, si (*fig.* 42 *bis*) nous désignons par n et n' les extrémités du petit axe de l'ellipse A, nous voyons par cette *fig.* 42 *bis* que si l'on mène par les points n^h et n'^h des parallèles à H^M (trace horizontale du méridien M), elles viendront couper la droite menée perpendiculairement à H^M par le point i^h, en les points k et k', et ces mêmes parallèles auront coupé les asymptotes I^h et I_1^h de l'hyperbole B^h (projection de l'hyperbole B) en les points m^h et m'^h. Or la droite $\overline{m^h m'^h}$ passe par le point a^h, car les trois points o, centre de l'ellipse A, et l, sommet de la parabole E, et i, centre de l'hyperbole B, sont en ligne droite sur le plan méridien M et de plus sont équidistants entre eux (c'est ce que montre en toute évidence la projection verticale (*fig.* 42 *bis*), puisque le quadrilatère $s^v o^v l^v i^v$ est un parallélogramme dont l^v est le centre).

Or, a^v étant le sommet de l'une des branches de l'hyperbole B^h, $\overline{a^h m^h}$ sera la longueur du demi-axe non transverse de cette hyperbole B^h; et comme le demi petit axe $\overline{o^h n^h}$ de l'ellipse A^h est égal au demi petit axe de l'ellipse A, et que le demi petit axe non transverse $\overline{i^h k}$ de l'hyperbole B^h est égal au demi-axe non transverse de l'hyperbole B, et comme:

$$\overline{o^h n^h} = \overline{i^h k} = \overline{a^h m^h}$$

on en conclut que les courbes *conjuguées*,

ellipse A et hyperbole B
— A′ — B′
— A″ — B″

ont leurs axes perpendiculaires au plan M, respectivement égaux entre eux.

Et comme les points o,... centres des ellipses A,... et les points i,... centres des hyperboles B,... sont également distants du point l, il s'ensuit que les extrémités m et n,... des axes non transverses des hyperboles B,... sont sur une parabole E' qui n'est autre que la parabole E, en supposant que cette courbe E a tourné de deux angles droits autour de la droite qui, passant par le point a (sommet commun aux ellipses A,... et aux hyperboles B,...), serait perpendiculaire au plan méridien M.

Ainsi se trouve démontré le troisième théorème de la page 50 (*fig.* 42).

NOTE B

Relative à la courbe γ, *lieu des points des sommets des cônes obliques* S, S', S'',... *enveloppant l'ellipse* E *et les divers cercles* D, D', D'',... (*page* 21).

En considérant le plan horizontal comme étant un *tableau*, on voit de suite que la courbe γ est le lieu des points de l'espace, desquels la courbe E serait aperçue sous la forme circulaire.

Nous avons résolu ce problème dans les *Compléments de géométrie descriptive*, en nous servant tantôt de l'analyse de Descartes, tantôt de constructions graphiques (voyez, chap. V, le mémoire n° 1, qui a pour titre : *Sur les projections stéréographiques*).

ADDITIONS DIVERSES.

N° 1.

ADDITION AU COURS DE GÉOMÉTRIE DESCRITIVE, 1re PARTIE.

NOTE *sur le changement des plans de projection.*

La feuille de papier sur laquelle s'exécutent les projections des points et lignes de l'espace, a une longueur déterminée et qu'on ne peut pas, en général, agrandir.

La ligne de terre LT étant tracée sur la feuille de papier, nous savons tout de suite que la partie de la feuille de papier située au-dessous de cette ligne LT représente la partie antérieure du plan horizontal et la partie inférieure du plan vertical, et que la partie de la feuille située au-dessus de cette ligne LT, représente la partie postérieure du plan horizontal et la partie supérieure du plan vertical.

Ces parties antérieure, postérieure, inférieure et supérieure des deux plans de projection sont donc limitées en raison de la position que la ligne de terre LT occupe sur la feuille de papier.

Or il peut arriver que l'on ait, comme dans la *fig. b*, pl. 15, les projections d'une droite B^h et B^v telles qu'un point n, situé sur la droite B, se trouve avoir sa projection verticale n^v placée tout au haut de la feuille de papier et que sa projection horizontale n^h soit située hors de la feuille de papier; et cependant, pour la solution du problème à résoudre, il serait utile de connaître (si toutefois la chose est possible graphiquement), la distance du point n au plan vertical de projection.

On peut résoudre ce problème par un changement de plan horizontal de projection, en relevant le plan horizontal ancien de la hauteur n^vq; en sorte que la nouvelle ligne de terre L'T' sera parallèle à l'ancienne LT.

On voit de suite que toute la feuille de papier située au-dessous de la ligne L'T' représentera maintenant la partie antérieure du nouveau plan horizontal de projection et la partie inférieure du plan vertical ; et remarquons que le plan vertical de projection reste le même.

En sorte que la feuille de papier se trouve doublée, *en longueur*, et qu'on peut y construire des points de la droite B, dont la distance au plan vertical sera double de la distance de la ligne de terre LT au bas de la feuille de papier.

Si donc les projections primitives B^v et B^h sont telles que la distance du point n (de la droite B) au plan vertical n'est pas plus grande que la longueur totale de la feuille de papier, on pourra déterminer graphiquement cette distance au moyen du changement de plan horizontal opéré ainsi que nous venons de l'exécuter.

On peut donc dire qu'en relevant ou abaissant le plan horizontal parallèlement à lui-même, ou en avançant ou reculant le plan vertical parallèlement à lui-même, on peut doubler la partie antérieure ou postérieure du plan horizontal, ou doubler la partie supérieure ou inférieure du plan vertical.

En un mot, au moyen de ce mode de changement des plans de projection, on peut *doubler en longueur* la feuille de papier pour les constructions graphiques à exécuter par la méthode des projections, sans changer les dimensions de cette feuille de papier.

N° 2.

ADDITION AU COURS DE GÉOMÉTRIE DESCRIPTIVE, 2e PARTIE, CHP. Ier, PAGE 8.

NOTE *sur la démonstration relative à la propriété dont jouit le plan tangent, savoir : que le plan tangent en un point d'une surface, quel que soit le mode de génération de cette surface, contient les tangentes à toutes les courbes qui, tracées sur la surface, se croisent au point de contact.*

Une surface Σ, quelle qu'elle soit, peut toujours être considérée comme engendrée par le mouvement d'une *ligne* C, et de plusieurs manières différentes.

Ainsi : 1° on peut prendre sur la surface Σ un point m, faire passer par ce point m un plan R coupant la surface Σ suivant une courbe C, mener à la courbe C et au point m la tangente θ et supposer que par la droite θ on fasse passer une série de plans R, R', R'', R''',... coupant dès lors la surface Σ et respectivement suivant les *lignes* C, C′, C″, C‴,... qui seront évidemment toutes tangentes entre elles et au point m, la tangente qui leur est commune en le point m étant la droite θ.

On peut donc supposer la surface Σ engendrée par le mouvement de rotation de la *ligne* C autour de la *droite* θ, cette *ligne* C changeant de forme pendant son mouvement de rotation et prenant successivement les *formes* C′, C″, C‴,...

2° On peut mener une suite de plans R_1', R_1'', R_1''',... parallèles entre eux et au plan R et coupant la surface Σ et respectivement suivant des courbes ou *lignes* C_1', C_1'', C_1''',... et l'on pourra considérer la surface Σ comme engendrée par le mouvement de la courbe ou *ligne* C qui, se mouvant parallèlement à elle-même, se déforme successivement pour prendre successivement les formes C_1', C_1'', C_1''',...

3° On peut mener une droite D coupant, perçant la surface Σ en un point ou plusieurs points m, et faire passer par cette droite D une suite de plans R_2, R_2', R_2'', R_2''',... coupant la surface Σ et respectivement suivant les *lignes* C_2, C_2', C_2'', C_2''',... qui toutes se croiseront, se couperont en le point m, ou en les divers points m.

Et l'on pourra supposer que la surface Σ est engendrée par la rotation de la courbe C_2 autour de la sécante D, cette courbe C_2 prenant successivement les *formes* C′, C_2'', C_2''',...

Au lieu d'engendrer la surface Σ par des courbes ou *lignes* planes, on pourrait sans peine la supposer engendrée par des courbes à double courbure.

Cela posé :

La démonstration du théorème relatif *au plan tangent*, savoir : que le plan tangent en un point m d'une surface Σ contient les tangentes à toutes les courbes qui, tracées sur cette surface, se croisent en ce point m, doit varier suivant que l'on considère tel ou tel mode de génération de la surface Σ.

Dans le *Cours de géométrie descriptive*, nous avons considéré la surface Σ comme engendrée par le premier mode indiqué ci-dessus, et le théorème a été démontré directement, en ce sens que nous n'avons pas eu besoin d'établir, au préalable, ce théorème pour une surface simple, et ainsi pour une surface développable, pour ensuite le faire passer sur la surface générale Σ.

Dans cette note, nous allons supposer que la surface Σ est déterminée par le second mode de génération exposé ci-dessus, et nous ferons passer le *théorème du plan tangent*, de dessus une surface développable, sur cette surface générale Σ, et cela de la manière suivante :

On sait qu'il n'y a rien de plus facile que de démontrer le théorème relatif au plan tangent pour une surface développable.

Et en effet :

Rappelons-nous qu'une surface développable K peut être engendrée de deux manières *principales* : ou 1° au moyen de son arête de rebroussement ξ dont toutes les tangentes forment les génératrices droites (ou les caractéristiques) de la surface K; ou 2° au moyen d'un plan Θ roulant tangentiellement sur deux courbes *directrices* B et B_1.

Si l'on considère le premier mode de génération de la surface développable K, nous pourrons considérer une génératrice droite G de cette surface, laquelle sera une tangente à l'arête de rebroussement ξ.

La position voisine de G sera G'; et dès lors en menant par un point *m* de G une suite de *plans* ou de *surfaces* quelconques, on coupera la surface K suivant des courbes *planes* ou à *double courbure* C, C', C'',... qui se croiseront au point *m* et qui couperont la génératrice G' et respectivement aux points *n*, *n'*, *n''*,...

Or il est évident que $\overline{mn}$, $\overline{mn'}$, $\overline{mn''}$,... seront les éléments rectilignes des courbes C, C', C'',... Ces éléments rectilignes prolongés donneront les tangentes θ, θ', θ'',... à ces courbes C, C', C'',... pour le point *m*; et comme les génératrices droites successives et infiniment voisines G et G' se coupent en un point qui appartient à la courbe ξ, il s'ensuit que toutes les tangentes θ, θ', θ'',... sont situées sur un même plan Θ qui passe par les droites G et G', et c'est ce plan Θ qui a reçu le nom de plan tangent.

Ainsi, le théorème relatif au plan tangent en un point *m* d'une surface développable K se trouve démontré, lorsque l'on considère cette surface K comme étant donnée par son arête de rebroussement ξ, comme étant dès lors engendrée par une ligne droite G assujettie, par la loi de son mouvement dans l'espace, à être tangente en toutes ses positions successives à une courbe donnée ξ.

Cela posé:

Le théorème relatif du plan Θ, tangent en un point *m* d'une surface développable K, étant démontré pour un certain mode de génération de la surface K, subsistera, quel que soit le mode de génération de cette surface K.

Par conséquent, si nous supposons que la surface K est engendrée par un plan Θ roulant tangentiellement sur deux courbes directrices B et B_1 tracées sur cette surface K, le théorème subsistant toujours, nous pourrons en conclure ce qui suit:

Si la courbe B se meut sur la surface K en changeant de forme pour arriver à la forme et en la position B_1 (le changement de forme et la loi du mouvement étant déterminés), on conçoit sans peine que la courbe B passera en une position infiniment voisine B' (B' ayant une forme modifiée), et que la surface K sera tout aussi bien engendrée par le plan Θ roulant tangentiellement sur les courbes B et B_1 (situées à distance finie), que par le plan Θ roulant tangentiellement sur les courbes B et B' (situées à distance infiniment petite).

Cela dit:

Les courbes C, C', C'',... couperont respectivement la courbe B' en les points *p*,

p', p'',.., qui, en vertu du nouveau mode de génération de la surface Σ, seront des points successifs et infiniment voisins du point m; en sorte que $\overline{mp}$, $\overline{mp'}$, $\overline{mp''}$,... seront dans ce nouveau mode de génération les éléments rectilignes des courbes C, C', C'',... (*).

Or ces éléments rectilignes prolongés donneront les tangentes θ, θ', θ'',... aux courbes C, C', C'',... et nous savons, *à priori*, par ce qui a été démontré plus haut (en nous servant du premier mode de génération de la surface développable K), que toutes ces tangentes sont situées dans un même plan, qui n'est autre que le plan Θ tangent en m à la surface K.

Cela posé:

Si nous considérons une surface générale Σ et un point m sur cette surface, nous pourrons tracer sur cette surface une courbe B, laquelle passera par le point m; puis supposer que cette courbe B se déplace sur la surface Σ, en vertu d'une certaine loi de mouvement, et qu'elle arrive, en changeant de forme, en la position B' infiniment voisine de B.

Les deux courbes infiniment voisines B et B' comprendront donc sur la surface Σ une zone élémentaire et superficielle.

Cela posé:

Si nous faisons rouler un plan Θ tangentiellement aux deux courbes B et B', nous obtiendrons une surface développable K.

Si ensuite nous faisons passer par le point m une suite de *plans* ou de *surfaces arbitraires* P, P', P'',... ces *plans* ou *surfaces* couperont la surface Σ suivant des courbes δ, δ', δ'',... et la surface K suivant des courbes Δ, Δ', Δ'',... et les courbes δ et Δ, δ' et Δ',... passeront toutes par le point m, et de plus couperont la courbe B' et respectivement deux à deux en les mêmes points p, p',... Par conséquent, ces courbes δ et Δ, δ' et Δ',... auront mêmes tangentes θ, θ',... au point m, puisqu'elles auront deux à deux même élément rectiligne $\overline{mp}$, $\overline{mp'}$, $\overline{mp''}$,...

Or nous savons que les tangentes θ, θ',... aux diverses courbes Δ, Δ',... de la surface K sont dans un même plan; donc nous pouvons affirmer le théorème suivant:

Théorème. *Si l'on trace une série de courbes* C, C', C'',... *sur une surface quelconque* Σ, *toutes ces courbes se croisant en un point* m, *les tangentes menées au point* m *à ces diverses courbes sont toutes situées dans un seul plan, auquel on donne le nom de* PLAN TANGENT *au point* m *de la surface* Σ.

Cette nouvelle manière de démontrer le théorème relatif au plan tangent offre l'avantage suivant:

(*) Voyez le chap. VII des *Développements de géométrie descriptive.*

Ce que nous avons dit pour un point m de la courbe B tracée sur la surface générale Σ peut se dire de tout autre point de cette même courbe B.

Par conséquent, la surface développable K jouit de la propriété d'avoir en commun avec la surface Σ la zone élémentaire et superficielle comprise entre les deux courbes successives et infiniment voisines B et B′, et aussi d'avoir en chaque point de la courbe B même plan tangent avec la surface Σ, propriété que l'on énonce en disant que la surface développable K engendrée par un plan Θ roulant tangentiellement à la surface Σ et sur la courbe B, est tangente à la surface Σ tout le long de la courbe B.

En nous servant, ainsi que nous venons de le faire, d'une surface simple (une surface développable) pour démontrer l'existence d'un théorème pour une surface générale, nous avons employé une méthode très-familière à la géométrie descriptive et qui est très-féconde. En effet : lorsque l'on voudra plus tard chercher la construction des divers points d'une certaine courbe λ tracée sur une surface générale Σ, et de manière à satisfaire à certaines conditions, on tracera sur la surface Σ une série de courbes α, α', α'',... d'après une loi donnée, et l'on cherchera sur ces courbes au moyen des surfaces développables A, A′, A″,... tangentes à la surface Σ suivant ces courbes α, α', α'',... les points en lesquels ces courbes α, α', α'',... coupent la courbe λ.

Ce ne seront pas toujours des surfaces développables que l'on emploiera, mais ce seront toujours des surfaces plus simples que la surface Σ proposée, et pour chacune desquelles on pourrra facilement et presque *immédiatement* résoudre le problème proposé pour la surface Σ.

On en trouve un exemple remarquable dans la construction par *points* de la courbe de contact d'un cône ou d'un cylindre avec une surface de révolution quelconque Σ. Alors, pour chaque *parallèle* de la surface de révolution Σ, on remplace cette surface de révolution Σ par un cône Δ (surface développable la plus simple) ou par une sphère S (surface de révolution la plus simple), ces surfaces Δ ou S étant tangentes à cette surface de révolution Σ tout le long d'un *parallèle*.

Or il est utile, dans l'enseignement, d'employer le plus possible les mêmes *idées*, pour ne pas surcharger la mémoire des élèves.

Je pense donc que la manière de démontrer le théorème relatif au plan tangent, telle que je viens de l'exposer, doit être préférée, puisque *les idées géométriques* que l'on emploie dans cette démonstration se reproduisent plus tard dans la solution de divers problèmes importants où l'on fait usage du plan tangent.

N° 3.

ADDITION AU COURS DE GÉOMÉTRIE DESCRIPTIVE, 2e PARTIE, CHAP. VII, PAGE 137.

NOTE *sur les modes divers de construction employés pour déterminer les projections horizontale et verticale de la courbe intersection de deux surfaces.*

MONGE, dans sa *Géométrie descriptive*, § III, art. 49, dit :

« Il existe entre les opérations de l'analyse et les méthodes de la géométrie des-
» criptive une correspondance dont il est nécessaire de donner ici une idée.

» Dans l'algèbre, lorsqu'un problème est mis en équations, et qu'on a autant
» d'équations que d'inconnues, on peut toujours obtenir le même nombre d'équa-
» tions, dans chacune desquelles il n'entre qu'une des inconnues, ce qui met à
» portée de connaître les valeurs de chacune d'elles.

» L'opération par laquelle on parvient à ce but, et qui s'appelle *élimination*,
» consiste, au moyen d'une des équations, à chasser une des inconnues de toutes
» les autres équations; et en chassant ainsi successivement les différentes inconnues,
» on arrive à une équation finale qui n'en contient plus qu'une seule dont elle doit
» produire la valeur.

» L'objet de l'élimination, dans l'algèbre, a la plus grande analogie avec les opé-
» rations par lesquelles, dans la géométrie descriptive, on détermine les intersec-
» tions des surfaces courbes. »

MONGE montre ensuite comment étant données deux équations :

$$\varphi(x, y, z) = 0 \qquad (1)$$

et

$$\chi(x, y, z) = 0 \qquad (2)$$

l'opération algébrique de l'élimination de z entre les deux équations (1) et (2) est identique à la construction en géométrie descriptive qui consiste à considérer l'équation (1) comme étant celle d'une surface Σ et l'équation (2) comme étant celle d'une seconde surface Σ', et à chercher la projection horizontale (ou sur le plan des x et y) de la courbe C intersection des deux surfaces Σ et Σ'.

Or l'on sait que cette construction consiste à couper les deux surfaces Σ et Σ' par une suite de plans horizontaux X, X', X''... Chaque plan X,... coupe la surface Σ

suivant une courbe $\mathfrak{S}$ et la surface Σ' suivant une courbe $\mathfrak{S}'$. Les projections $\mathfrak{S}^h$ et $\mathfrak{S}'^h$ de ces courbes se coupent en des points x^h,... qui appartiennent à la projection C^h de la courbe cherchée C.

On voit donc que cela revient à donner à z dans les équations (1) et (2), une certaine valeur γ; alors les équations :

$$\varphi(x, y, \gamma) = 0 \quad (3)$$

et

$$\chi(x, y, \gamma) = 0 \quad (4)$$

seront respectivement les équations des courbes $\mathfrak{S}^h$ et $\mathfrak{S}'^h$, et ces deux équations (3) et (4) nous conduiront à déterminer les coordonnées x et y de chacun des points x^h,... intersection des courbes $\mathfrak{S}^h$ et $\mathfrak{S}'^h$.

En sorte qu'en éliminant z entre les équations (1) et (2), on aura bien en $\xi(x, y) = 0$ l'équation de la courbe C^h.

Monge n'a pas poussé plus loin les analogies qui existaient entre l'*élimination algébrique* et les constructions diverses employées en géométrie descriptive pour déterminer les projections de la courbe intersection de deux surfaces.

Nous allons essayer de remplir cette lacune.

Monge dit que les surfaces auxiliaires doivent varier de forme et de position dans l'espace, suivant le mode de génération des deux surfaces proposées et suivant leurs positions par rapport aux plans de projection, et il donne plusieurs exemples à l'appui ; c'est donc de l'analogie qui existe entre certains procédés d'élimination *en analyse*, et l'emploi de ces surfaces auxiliaires *en géométrie descriptive* que nous allons parler.

Si l'on a deux équations :

$$\varphi(x, y, z) = 0 \quad (5)$$

et

$$\chi(x, y, z) = 0 \quad (6)$$

et que l'élimination de z entre ces deux équations offre des difficultés *analytiques*, on sait que l'on parvient assez souvent à surmonter ces difficultés, en prenant une troisième équation :

$$z = f(x, y, m) \quad (7)$$

dans laquelle la forme (f) de la fonction est arbitraire et dans laquelle m est une nouvelle inconnue.

Et remplaçant, dans les équations (5) et (6), z par la fonction (7), on a :

$$\varphi[x, y, f(x, y, m)] = 0 \quad (8)$$

et

$$\chi[x, y, f(x, y, m)] = 0 \quad (9)$$

Alors en éliminant m entre les équations (8) et (9), on obtiendra une équation :

$$\xi(x, y) = 0 \qquad (10)$$

qui sera l'équation finale demandée.

On voit donc que l'on doit examiner *avec soin* quelle est la forme de la fonction (f) qui conduira le plus facilement à l'élimination de m; or, il est évident que la forme de la fonction (f) dépendra de la forme des fonctions (φ) et (χ).

En géométrie descriptive, nous opérons absolument de la même manière. L'équation (7) est celle d'une surface auxiliaire X, et cette surface X doit être choisie *de forme* et *de position*, de manière à ce que l'on puisse facilement construire son intersection avec chacune des surfaces données Σ et Σ'.

La *forme* et la *position* de la surface X dépend donc de la *forme* et de la *position* de chacune des deux surfaces données Σ et Σ'.

Si on lit jusqu'au bout ce chapitre de la *Géométrie descriptive* de Monge, dont je viens de parler, on verra que Carnot l'avait présent à l'esprit lorsqu'il rédigea en 1812 son rapport sur le *Supplément à la géométrie descriptive*, présenté à l'Institut de France par Hachette.

N° 4.

ADDITION AU COURS DE GÉOMÉTRIE DESCRIPTIVE, 2e PARTIE, CHAP. VII, PAGE 137.

Reconnaître si la courbe intersection de deux surfaces est plane ou à double courbure.

Nous avons dit que l'on distinguait les courbes en courbes planes et en courbes à double courbure.

La courbe plane est celle dont tous les points sont situés dans un même plan.

La courbe à double courbure est celle dont quatre points successifs et infiniment voisins ne sont pas dans un même plan, quelque part que l'on prenne ces points sur la courbe; par conséquent, la courbe à double courbure est telle que quatre de ses points, situés à distance finie (le choix de ses points étant arbitraire), ne seront pas en général dans un même plan.

Il nous sera donc facile, d'après ce qui précède, de reconnaître si une courbe C située dans l'espace, et dont on connaît les projections C^h et C^v, est plane ou à double courbure, et cela en nous servant des méthodes de la géométrie descriptive.

En effet :

On prendra sur la courbe C trois points arbitraires : m ayant pour projections (m^h, m^v), n ayant pour projections (n^h, n^v), p ayant pour projections (p^h, p^v); ces trois points m, n, p détermineront un plan P, et l'on prendra un nouveau plan vertical de projection L'T' perpendiculaire au plan P et coupant ce plan suivant la trace V'^p.

Puis l'on projettera la courbe C sur ce nouveau plan vertical de projection, et l'on aura la courbe $C^{v'}$.

Il est évident qu'il ne peut arriver que deux cas : ou 1° la courbe $C^{v'}$ sera très-distincte de la ligne droite V'^p, et alors la courbe C sera évidemment une courbe à double courbure; ou 2° la courbe $C^{v'}$ sera presque rectiligne, paraîtra se confondre avec la droite V'^p, et alors il y aura incertitude; dans ce cas on ne pourrait affirmer si la *ligne* $C^{v'}$ est une *droite* ou non, et dès lors on ne pourrait affirmer si la courbe C est *plane* ou à *double courbure*.

Dans ce cas, sans changer l'échelle des abscisses, on pourra décupler, centupler l'échelle des ordonnées. En sorte que si l'on considère sur la courbe C un point x, sa projection verticale étant en $x^{v'}$, et ayant abaissé du point $x^{v'}$ une perpendiculaire sur la ligne de terre L'T' et la coupant au point q', et cette même ordonnée coupant la droite V'^p en un point r', la différence $\overline{r'x^{v'}}$ en raison de la grandeur de l'échelle des ordonnées pourra être assez petite (un dixième de millimètre par exemple), pour que l'on ne puisse pas affirmer que les points $x^{v'}$ et r' ne se confondent pas. Mais en décuplant l'échelle des ordonnées, la différence $\overline{r'_1x_1^{v'}}$ deviendra égale à un millimètre, différence très-appréciable à l'œil; et remarquons de plus que les erreurs graphiques ne pourront pas être plus grandes, que l'on emploie pour les ordonnées une échelle décuple ou centuple de celle des abscisses, que lorsque l'on employait une même échelle et pour les abscisses et pour les ordonnées : les erreurs inhérentes aux instruments et à leur emploi seront toujours les mêmes.

En sorte que l'on peut dire, en toute exactitude et vérité, que la géométrie descriptive possède un moyen de reconnaître si une courbe C est plane ou à double courbure, lorsque l'on connaît le *tracé* de ses deux projections C^h et C^v.

Mais les savants qui s'occupent de géométrie pure, disent que l'*analyse* peut seule résoudre une semblable question et que la géométrie descriptive n'a pas de méthodes pour des questions de ce genre; ce qui précède leur prouvera, j'espère, qu'ils sont dans l'erreur.

Voyons maintenant comment l'*analyse* peut résoudre une question de ce genre.

La courbe C sera donnée par les équations de ses deux projections, ou plus généralement par les équations des deux surfaces dont l'intersection n'est autre que cette courbe C, et ainsi :

$$\chi(x, y, z) = 0 \qquad (1)$$

et

$$\varphi(x, y, z) = 0 \qquad (2)$$

seront les équations de la courbe C.

Pour reconnaître si cette courbe C est plane, on peut employer plusieurs méthodes :

La PREMIÈRE MÉTHODE consiste à prendre l'équation d'un plan :

$$Ax + By + Cz = 1 \qquad (3)$$

à éliminer x et y entre les trois équations (1), (2), (3), et l'on obtient une équation en z qui doit être satisfaite, quel que soit z ; ce qui fournit un certain nombre d'équations pour déterminer A, B, C.

Si toutes les éliminations entre ces équations algébriques peuvent s'effectuer, le problème proposé sera soluble.

Mais l'élimination sera-t-elle toujours possible ?

On voit donc que la géométrie l'emporte, pour la solution d'un tel problème, sur l'*analyse*, puisque la géométrie descriptive peut le résoudre, quelles que soient les courbes C^h et C^v, et que l'*analyse* est encore *imparfaite*, à ce point que nous concevons que pour certaines fonctions χ et φ l'élimination ne pourrait s'effectuer dans l'état actuel de nos connaissances algébriques.

Sans doute nous comprenons que la langue analytique ira toujours en se perfectionnant et qu'elle est susceptible d'un perfectionnement indéfini.

Sans doute alors nous pouvons dire qu'en nous servant de l'*analyse*, il n'y aura pas de problèmes que nous ne puissions *un jour* parvenir à résoudre ; mais pour être dans la vérité, il faut ajouter qu'aujourd'hui l'*analyse* est encore trop *imparfaite* pour résoudre tous les problèmes.

Ainsi, si nous concevons qu'*implicitement* elle a toute puissance, il faut convenir qu'*explicitement* elle est encore très-bornée.

La SECONDE MÉTHODE consiste à trouver l'équation de la surface enveloppe Σ des plans normeaux à la courbe C, et de voir si cette équation appartient ou non à un cylindre. Si cette surface enveloppe Σ est cylindrique, la courbe C est *plane ;* si cette surface Σ n'est pas cylindrique, la courbe C est à *double courbure*.

Mais qui ne voit de suite que dans l'emploi de cette méthode peuvent se présenter des *difficultés d'analyse* de divers genres, et que nous ne savons pas encore résoudre; car le calcul intégral n'est pas très-avancé, malgré tous les progrès qu'il a faits dans ces derniers temps (*).

La troisième méthode consiste à déterminer l'équation du plan osculateur O en un point m de la courbe C, et de rechercher si cette équation est satisfaite ou non, quelles que soient les coordonnées (x, y, z) de ce point m, et ainsi quelle que soit la position du point m sur la courbe C.

Si l'équation est satisfaite, la courbe C est plane.

On voit de suite que les *difficultés d'analyse* qui se présenteront dans certains cas peuvent être insurmontables, vu l'état actuel de l'*analyse*.

La quatrième méthode consiste à prendre trois points arbitraires sur la courbe C et à faire passer par ces trois points un plan P, puis à changer la position du plan des coordonnées xz ou yz, en prenant un nouveau plan perpendiculaire au plan P, et de voir si la projection de la courbe C sur ce nouveau plan vertical sera une droite ou non, en d'autres termes de voir si l'équation de cette projection $C^{v'}$ est celle d'une droite V'^{p} dont on connaît l'équation; ainsi le problème est ramené à voir si deux équations sont identiques ou non.

L'*analyse*, vu son état actuel, peut-elle répondre que dans tous les cas elle pourra résoudre la question ? (**).

Nous n'avons pas besoin d'entrer dans plus de détails au sujet de la solution que fournit la géométrie descriptive, toutefois les remarques suivantes ne seront pas inutiles (***).

L'on doit voir de suite que si les points x^h et x^v, projections d'un point x de la courbe C, sont unis par une même perpendiculaire à la ligne de terre, si en x^h et x^v il y a un *nœud* sur C^h et C^v, c'est que la courbe C offre un *nœud* au point x; si en x^h et x^v il y a un *point de rebroussement* sur C^h et C^v, c'est que la courbe C offre un *rebroussement* au point x, etc.

Si la courbe C^h ou C^v a un *nœud* ou un *point de rebroussement*, la courbe C^v ou C^h n'ayant ni *nœud*, ni *point de rebroussement*, nous pouvons affirmer que la courbe C est à double courbure.

(*) Je crois que l'on peut dire, sans être trop sévère, que M. Chasles n'a pas réfléchi en écrivant dans son discours d'ouverture la phrase suivante : *la géométrie descriptive..... ne saurait indiquer, mathématiquement parlant, si cette courbe* (courbe intersection de deux surfaces) *est plane ou à double courbure. Elle n'a point de méthodes pour ces recherches, qui sont exclusivement du domaine de la géométrie rationnelle.*

(**) On voit de suite que cette méthode *analytique* n'est que la traduction en *langue algébrique* de la méthode à laquelle la géométrie nous a conduit, et que nous avons exposé ci-dessus en *langue graphique*.

(***) Voyez les *Développements de géométrie descriptive*, chap. VII, page 402 et suivantes.

Si les courbes C^h et C^v offrent chacune un ou plusieurs *nœuds*, ou un ou plusieurs *points de rebroussement*, désignant, dans le cas où il n'y a qu'un seul point singulier, par a le point singulier situé sur C^h, et par b le point singulier situé sur C^v, il arrivera deux cas : ou 1° les points a et b seront unis par une même perpendiculaire à la ligne de terre, et alors les points a et b seront les projections x^h et x^v d'un même point x de la courbe C, et dans ce cas l'on ne pourra pas affirmer immédiatement que la courbe C est *plane* ou à *double courbure;* ou 2° les points a et b ne seront pas situés sur une même perpendiculaire à la ligne de terre, et alors on pourra affirmer *immédiatement* que la courbe C est à double courbure.

Si les courbes C^h et C^h offraient plusieurs *points singuliers*, la même observation s'appliquerait à chacun d'eux.

N° 5.

ADDITION AU COURS DE GÉOMÉTRIE DESCRIPTIVE, 2e PARTIE, CHAP. IX, PAGE 200.

NOTE *sur la méthode employée par les anciens* PERSPECTEURS *pour mettre en perspective une surface déterminée par une série de sections horizontales.*

Avant que MONGE eût publié son ouvrage sur la géométrie descriptive, ceux qui, comme les *perspecteurs* et les *tailleurs de pierre* et les *charpentiers*, se servaient de l'art des projections, ignoraient la construction du plan tangent en un point d'une surface définie par un certain mode de génération. Ils ne savaient pas par conséquent construire par points la courbe de contact d'une surface donnée et d'un cylindre ou d'un cône.

D'ailleurs, comme nous l'avons dit dans notre préface, le théorème relatif au plan tangent en un point d'une surface quelconque, savoir : *que ce plan contient les tangentes à toutes les courbes qui, tracées sur la surface proposée, se croisent au point considéré sur cette surface*, ne fut démontré qu'après DESCARTES, et au moyen de *l'analyse infinitésimale;* plus tard ce théorème permit de construire *graphiquement* le plan tangent en un point d'une surface définie par un certain mode de génération, et cela au moyen des tangentes à deux courbes se croisant en ce point et tracées sur la surface proposée. Mais l'école de Mézières ne permit pas que cette méthode graphique fut divulguée. La difficulté à vaincre consistait, et consiste toujours évidemment, à choisir sur la surface proposée deux courbes telles, en vertu du mode de génération de la surface, que la construction graphique de la tangente soit connue pour l'une et l'autre de ces courbes, en un quelconque de leurs points.

Dès lors on voit que si le problème est en général *implicitement* soluble, il ne peut l'être *explicitement* que dans un certain nombre de cas particuliers.

Mais comme dans les arts, les surfaces employées sont ordinairement : 1° des cylindres ou des cônes de révolution ou des cylindres ou des cônes à base section conique ; ou 2° des surfaces de révolution, comme la sphère, ou d'autres surfaces pour lesquelles la courbe méridienne est telle, en général, qu'on sait lui construire une tangente en un quelconque de ses points ; ou 3° des surfaces gauches déterminées par des courbes directrices pour lesquelles on sait résoudre le problème des tangentes, il s'ensuit que l'on peut déterminer la ligne de séparation d'ombre et de lumière et déterminer le coutour apparent, et par suite avoir la perspective de ces diverses surfaces, par l'emploi des méthodes que Monge nous a enseignées.

Mais avant ces méthodes nouvelles, les anciens perspecteurs employaient une méthode approximative pour la solution de ces problèmes, méthode que nous allons exposer ainsi qu'il suit :

Étant donnée une surface Σ définie : par 1° une série de sections horizontales équidistantes ; ou 2° une série de sections planes parallèles entre elles, équidistantes ou non entre elles, les plans de ces sections étant obliques par rapport au plan horizontal ; ou 3° une série de courbes planes ou à double courbure, dont on connaît pour chacune d'elles les projections horizontale et verticale ; il sera toujours facile de mettre en perspective cette surface Σ, sachant résoudre le problème général et fondamental en perspective, savoir : mettre en perspective un point dont on connaît la projection horizontale (en d'autres termes la projection au plan géométral) et la projection verticale (en d'autres termes la hauteur au-dessus du plan géométral).

Et en effet :

Désignant par C, C', C'',... les courbes qui définissent la surface Σ, nous pourrons prendre sur la courbe C une suite de points x,... dont nous pourrons déterminer les perspectives x_1,... en unissant tous les points x_1,... par une courbe C_1 nous aurons la perspective de la courbe C.

Nous pourrons donc nous procurer, *sur le tableau*, les perspectives C_1, C_1', C_1'',... des diverses courbes C, C', C'',...

Cela posé :

La courbe Δ_1, enveloppe des diverses courbes C_1,... sera évidemment la perspective de la courbe Δ, contact de la surface Σ et du cône S tangent à cette surface Σ, ce cône S ayant pour sommet l'*œil* du spectateur.

Ainsi, l'on voit que les anciens *perspecteurs* pouvaient déterminer la perspective d'une surface quelconque.

La méthode qu'ils employaient était très-longue, mais enfin elle conduisait au but; et cette solution était d'autant plus exacte (ou plus *approximative*) que les courbes C, C', C'',... étaient plus rapprochées entre elles.

On doit voir de suite que la méthode suivie par les anciens *perspecteurs* pour mettre en perspective une surface définie par une série de courbes, était identiquement la même que celles qu'ils employaient pour déterminer l'ombre portée sur le plan horizontal par une surface de révolution dont l'axe était vertical, cette surface étant éclairée par un rayon de lumière.

N° 6.

ADDITION AU COURS DE GÉOMÉTRIE DESCRIPTIVE, 2e PARTIE, CHAP. IX, PAGE 189.

PROBLÈME. *Étant données deux droites* A et B, *construire une droite* D *qui s'appuie à la fois sur les deux droites données* A et B *et qui fasse un angle* α *avec la droite* A *et un angle* β *avec la droite* B.

Solution. Concevons deux droites A et B dans l'espace, ces deux droites n'ayant aucun point commun, n'étant point parallèles, et étant dès lors non situées dans un même plan.

Nous prendrons sur la droite A un point arbitraire a, et par ce point nous mènerons une droite B' parallèle à B.

Nous prendrons sur la droite B un point arbitraire b, et par ce point nous mènerons une droite A' parallèle à A.

Les plans (A, B') et (A', B) seront parallèles entre eux.

Si par le point a nous faisons passer une droite faisant un angle α avec la droite A, cette droite engendrera un cône de révolution Σ ayant le point a pour sommet et la droite A pour axe de rotation.

Si par le même point a nous faisons passer une droite faisant un angle β avec la droite B', cette droite engendrera un cône de révolution Σ' ayant le point a pour sommet et la droite B' pour axe de rotation.

Ces deux cônes droits Σ et Σ' pourront : 1° se toucher suivant une génératrice droite K, laquelle sera *nécessairement* dans le plan (A, B'); 2° se couper suivant deux génératrices droites G et G', lesquelles seront dans un plan N perpendiculaire au plan (A, B'), et ce plan N coupera le plan (A, B') suivant une droite L qui fera des angles égaux avec les droites G et G', ou, en d'autres termes, qui divisera en deux parties égales l'angle que ces deux droites G et G' font entre elles; 3° n'avoir d'autre point commun que le sommet *a*.

Cela posé :

Si par le point *b*, on mène une droite K_1 parallèle à K et deux droites G_1 et G_1' respectivement parallèles aux droites G et G' : *dans le premier cas*, les plans (A, K) et (B, K_1) seront parallèles, la droite qui résout le problème sera tout entière à l'infini; *dans le deuxième cas*, les plans (A, G) et (B, G_1) se couperont suivant une droite G_2, et les plans (A, G') et (B, G_1') se couperont suivant une droite G_2', et les deux droites G_2 et G_2' résoudront le problème proposé.

Maintenant, construisons l'*épure;* car il ne suffit pas d'avoir donné une solution géométrique purement philosophique, purement spéculative, il faut que l'on puisse s'en servir; il faut donc pouvoir écrire *graphiquement* cette solution pour que les ingénieurs puissent s'en servir, l'utiliser dans leurs travaux.

Ainsi, la *géométrie descriptive* vient, dans ce qui précède, de *décrire* ce qui existe, ce qui est dans l'espace; maintenant la géométrie descriptive va *écrire* sur les plans de projection ce qui *est* dans l'espace, de manière que l'*épure tracée* permettra de construire, dans l'espace, la solution du problème, par conséquent permettra de placer d'une *manière matérielle*, dans l'espace, la droite G_2 ou G_2' qui résout le problème proposé.

Étant données deux droites A et B par leurs projections, ces droites étant obliques par rapport aux plans primitifs de projection, l'on peut, par une suite de changements de plans de projection, parvenir à deux nouveaux plans rectangulaires entre eux, l'un perpendiculaire à la droite A, et l'autre parallèle à la droite B.

Nous supposerons donc tous ces changements de plans de projection effectués, et nous prendrons la droite A perpendiculaire au plan horizontal et située dans le plan vertical, et la droite B parallèle au plan vertical (*fig. a*, pl. 15).

Cela posé :

Nous prendrons un point *a* sur la droite A, et nous mènerons par ce point *a* une droite B' parallèle à B.

On aura donc la droite B' dans le plan vertical de projection, le point *a* étant aussi dans ce plan vertical, puisque la droite A y est située et que la droite B est parallèle à ce plan vertical.

Du point *a* comme centre et avec un rayon ρ arbitraire, nous décrirons le cercle C dans le plan vertical de projection.

Ce cercle C sera la section faite par le plan vertical de projection dans une sphère S dont le centre serait le point a et qui aurait son rayon égal à ρ.

Par le point a et dans le plan vertical de projection, nous mènerons deux droites, l'une qui fasse avec la droite A un angle α, et l'autre qui fasse avec la droite B' un angle β. Ces deux droites, en tournant, la première autour de l'axe A, et la seconde autour de l'axe B', engendreront deux cônes de révolution qui se couperont suivant deux droites G et $G_{,}$ qui se projetteront verticalement en la même droite $G_{,}^{v}$ et $G_{,}'^{v}$.

La droite cherchée sera donc parallèle à $G_{,}$ ou $G_{,}'$ et s'appuiera sur les droites A et B. Le reste de la construction se lit facilement sur l'*épure*.

On doit voir de suite que la solution du problème proposé se compose de la solution de deux problèmes distincts, et qu'ainsi la combinaison des solutions de ces deux problèmes particuliers nous donne la solution du problème complexe proposé.

Et en effet :

Si les deux droites A et B proposées se coupaient en un point a, la solution du problème proposé ne serait autre que celle du problème que nous savons résoudre, savoir : étant donnés les trois angles plans d'un angle trièdre, construire les angles dièdres, ou, en d'autres termes, construire sur le plan de l'un des angles donnés la projection de la troisième arête de la pyramide.

Puis ensuite :

Construire une droite G qui s'appuie sur deux droites A et B (non situées dans un même plan), et qui en même temps soit parallèle à une droite $G_{,}$, est encore un problème que nous savons résoudre; car étant données trois droites A, B, D, non situées deux à deux dans un même plan, en faisant mouvoir une droite G sur ces trois droites A, B, D, on engendre un hyperboloïde à une nappe et non de révolution (en général). Les trois droites *directrices* A, B, D, sont des génératrices du premier système et les diverses positions que peut prendre la droite G sont les génératrices du second système; or l'on sait que deux génératrices de systèmes différents peuvent être parallèles, et déterminent un plan asymptote de la surface. Ainsi la seconde partie de la construction n'est que la solution d'un problème déjà connu et que nous savons résoudre *graphiquement*.

Il peut arriver plusieurs cas, ainsi que nous l'avons dit ci-dessus :

1° Si l'on a $(\widehat{\alpha+\beta})$ ou $(\widehat{\alpha-\beta})$ plus grand que l'angle γ que font entre elles les droites A et B, alors on aura deux droites $G_{,}$ et $G_{,}'$, et le problème aura deux solutions.

2° Si l'on a $(\widehat{\alpha+\beta})$ ou $(\widehat{\alpha-\beta})$ égal à l'angle γ, alors les deux cônes engendrés par la droite G qui fait un angle α avec l'axe A et un angle β avec l'axe B', se toucheront suivant une droite située dans le plan des axes (A, B') et dans ce cas le problème aura bien une solution, mais cette solution sera donnée par une droite qui, s'appuyant sur les droites A et B, sera tout entière située à l'infini.

3° Si l'on a $\widehat{(\alpha + \beta)}$ ou $\widehat{(\alpha - \beta)}$ plus petit que l'angle γ, les deux cônes ne se couperont ni ne se toucheront, et dès lors le problème sera impossible.

4° Si les angles α et β sont tous les deux égaux entre eux et à un angle droit, le problème aura une solution, et une seule solution, qui sera donnée par la plus courte distance entre les deux droites A et B.

FIN.

TABLE DES MATIÈRES.

PREMIÈRE PARTIE.

DEUXIÈME PARTIE.

ADDITIONS DIVERSES.

FIN DE LA TABLE DES MATIÈRES.

PARIS — IMPRIMERIE DE FAIN ET THUNOT,
Rue Racine 28, près de l'Odéon.

ERRATA.

Page 6, 4e ligne en remontant du bas de la note : les droites A_1 et B_1, *lisez :* les droites A_2 et B_2.

Page 33, 22e ligne : la droite θ' en un point m', *lisez :* ..... en un point n'.

Page 46, 7e ligne en remontant du bas de la page :

Directrices de l'ellipse et de la parabole, lisez : *Directrices de l'ellipse et de l'hyperbole*.

Page 48, dernière ligne : plus petit que l'angle en q^v ou $\widehat{\alpha}$, *lisez :* ..... ou $\widehat{\lambda}$.

Page 72, 9e ligne : *lieu des points des sommets des cônes* S, S', S'',... lisez : *lieu des points, sommets des cônes* S, S', S'',...

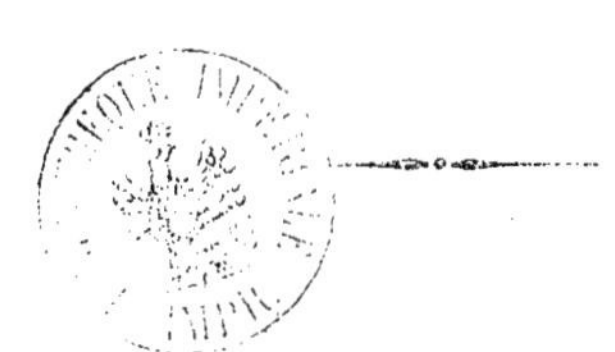

ADDITIONS

AU

COURS DE GÉOMÉTRIE DESCRIPTIVE.

PARIS. — IMPRIMERIE DE FAIN ET THUNOT,
Rue Racine, 28, près de l'Odéon.

ADDITIONS

AU

COURS DE GÉOMÉTRIE DESCRIPTIVE.

DÉMONSTRATION NOUVELLE

DES PROPRIÉTÉS PRINCIPALES DES SECTIONS CONIQUES.

PAR M. THÉODORE OLIVIER,

ANCIEN ÉLÈVE DE L'ÉCOLE POLYTECHNIQUE ET ANCIEN OFFICIER D'ARTILLERIE, DOCTEUR ÈS SCIENCES DE LA FACULTÉ DE PARIS.
ANCIEN PROFESSEUR ADJOINT DE L'ÉCOLE D'APPLICATION DE L'ARTILLERIE ET DU GÉNIE MILITAIRE A METZ;
ANCIEN RÉPÉTITEUR A L'ÉCOLE POLYTECHNIQUE;
PROFESSEUR DE GÉOMÉTRIE DESCRIPTIVE AU CONSERVATOIRE ROYAL DES ARTS ET MÉTIERS;
PROFESSEUR-FONDATEUR DE L'ÉCOLE CENTRALE DES ARTS ET MANUFACTURES;
MEMBRE DE LA SOCIÉTÉ PHILOMATHIQUE DE PARIS ET CENSEUR DE LA SOCIÉTÉ D'ENCOURAGEMENT POUR L'INDUSTRIE NATIONALE;
MEMBRE ÉTRANGER DES DEUX ACADÉMIES ROYALES DES SCIENCES ET DES SCIENCES MILITAIRES DE STOCKHOLM;
MEMBRE CORRESPONDANT DE LA SOCIÉTÉ ROYALE DES SCIENCES DE LIÉGE ET DE LA SOCIÉTÉ ROYALE D'AGRICULTURE ET ARTS UTILES DE LYON,
DES ACADÉMIES DE METZ, DIJON ET LYON;
OFFICIER DE LA LÉGION D'HONNEUR ET CHEVALIER DE L'ORDRE ROYAL DE L'ÉTOILE POLAIRE DE SUÈDE

ATLAS.

PARIS.
CARILIAN-GŒURY ET Vve DALMONT, ÉDITEURS,
LIBRAIRES DES CORPS ROYAUX DES PONTS ET CHAUSSÉES ET DES MINES,
Quai des Augustins, nos 39 et 41.

1847

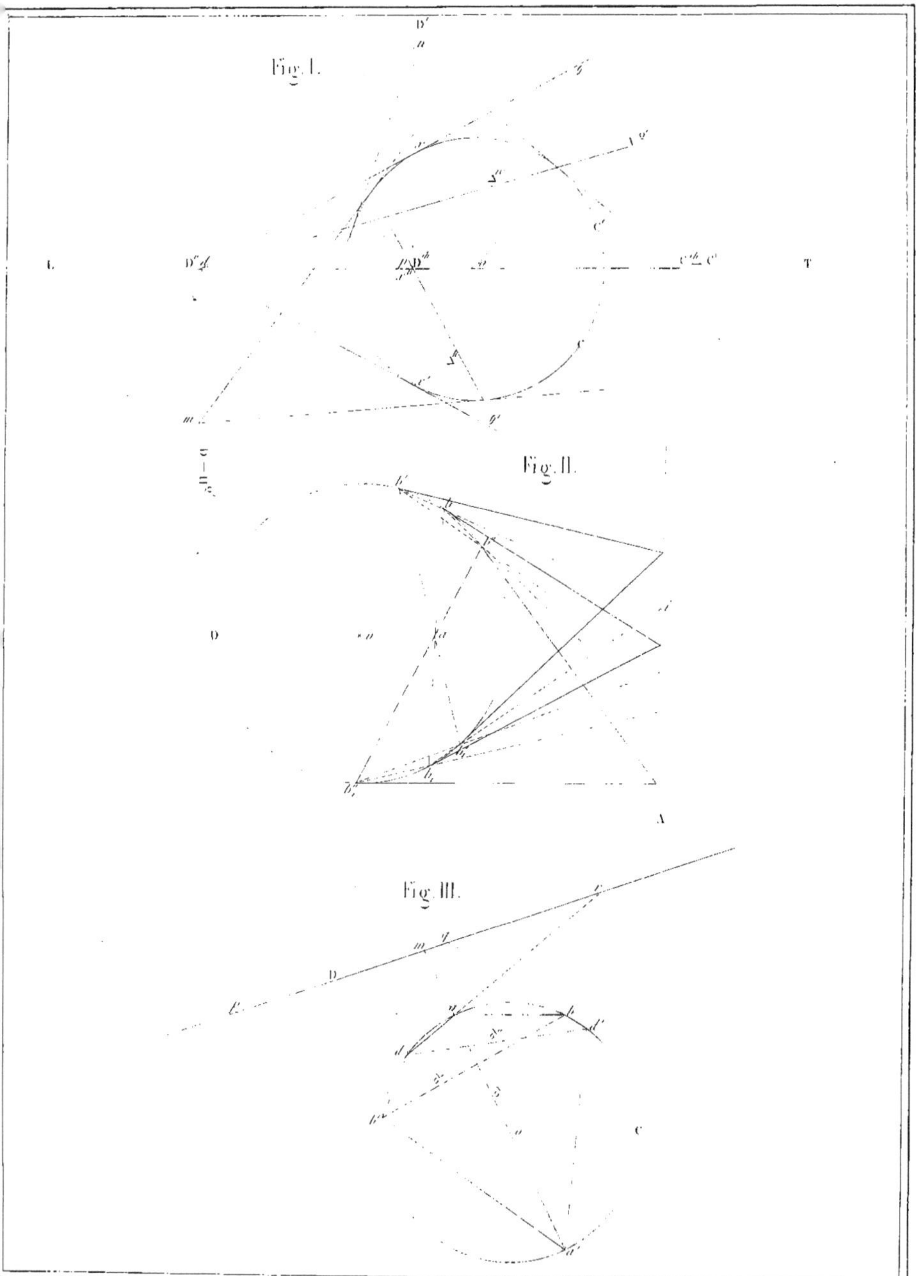

Fig. I.

Fig. II.

Fig. III.

Dessiné par Théodore Olivier. Gravé par Lemaître.

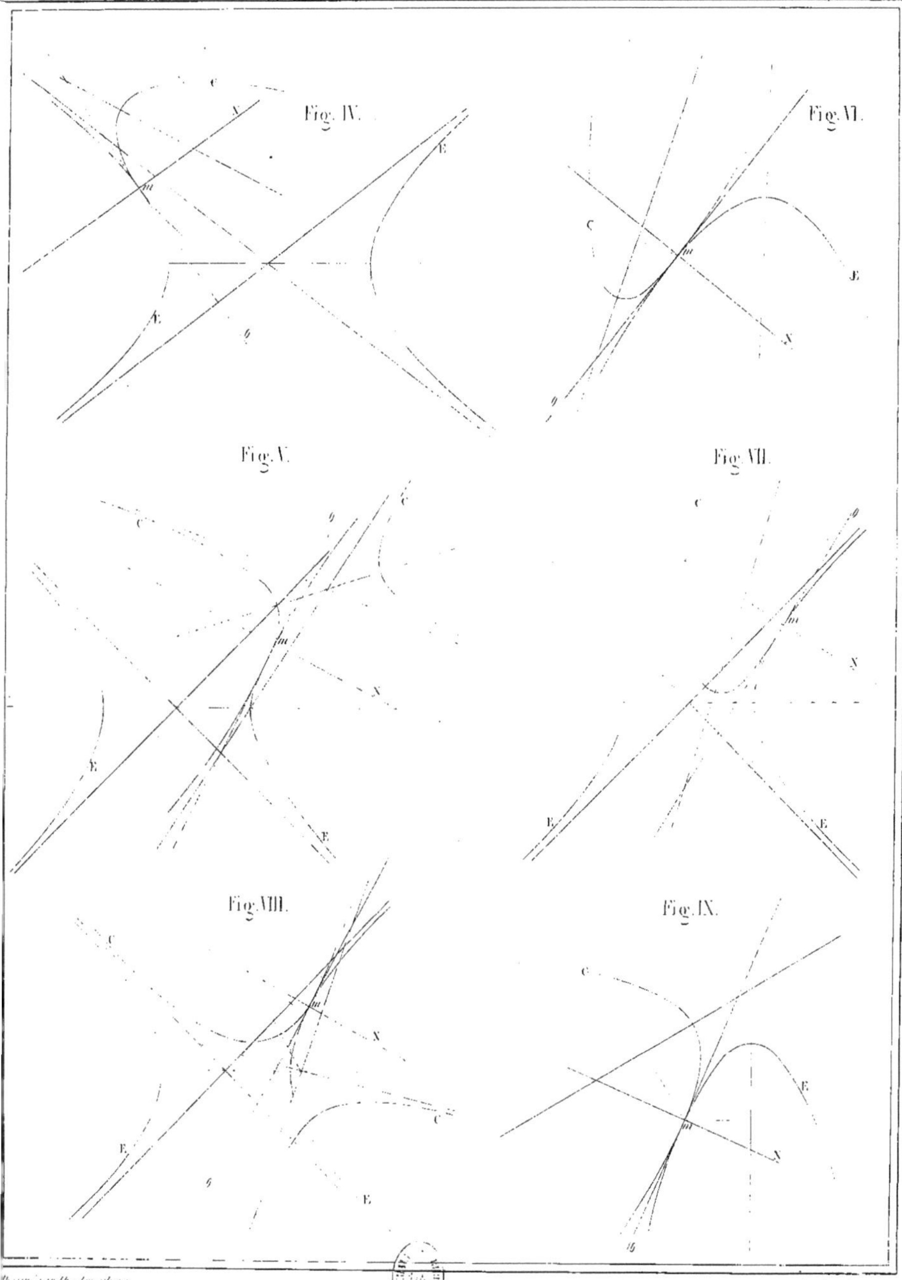
Fig. IV.
Fig. VI.
Fig. V.
Fig. VII.
Fig. VIII.
Fig. IX.

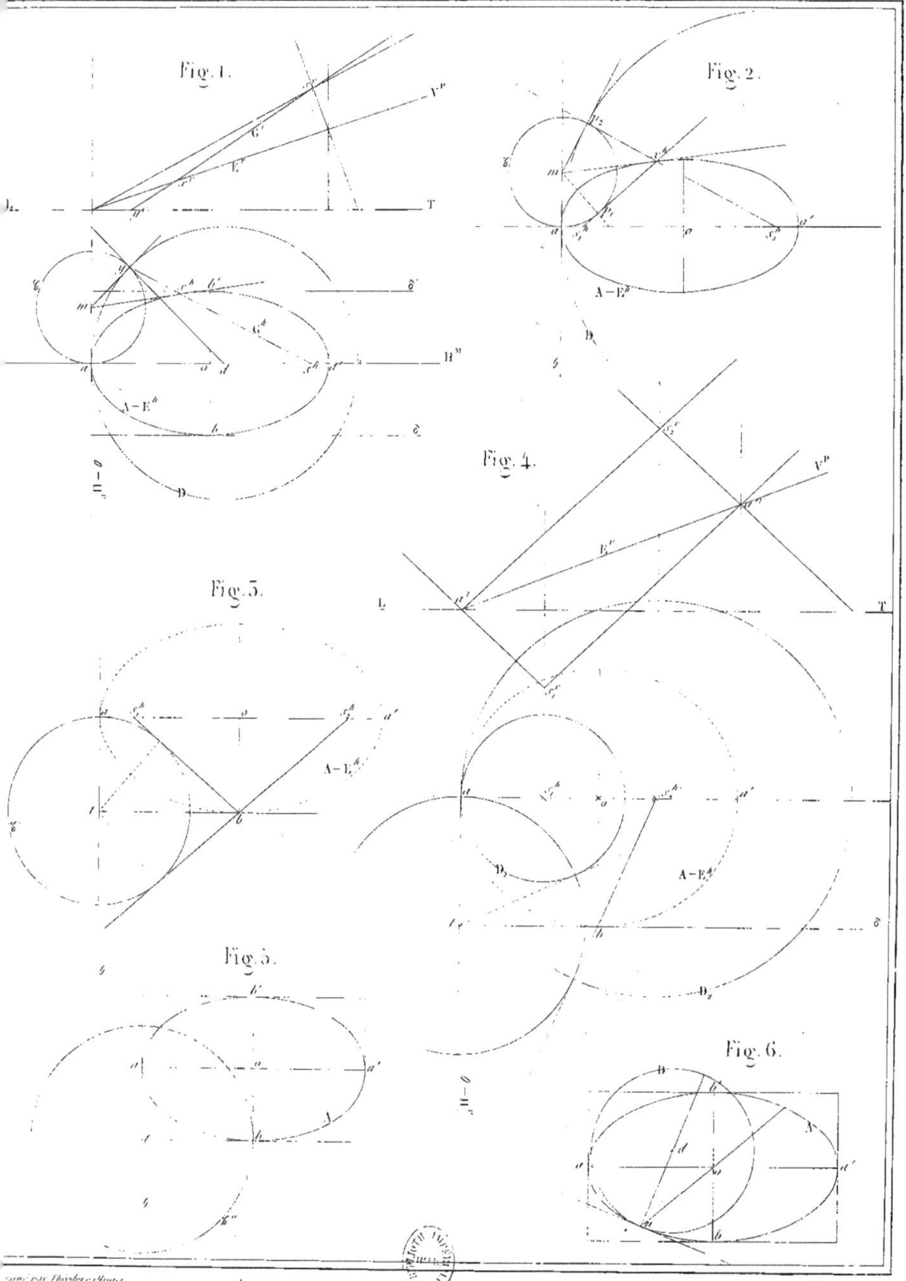

Fig. 1.

Fig. 2.

Fig. 3.

Fig. 4.

Fig. 5.

Fig. 6.

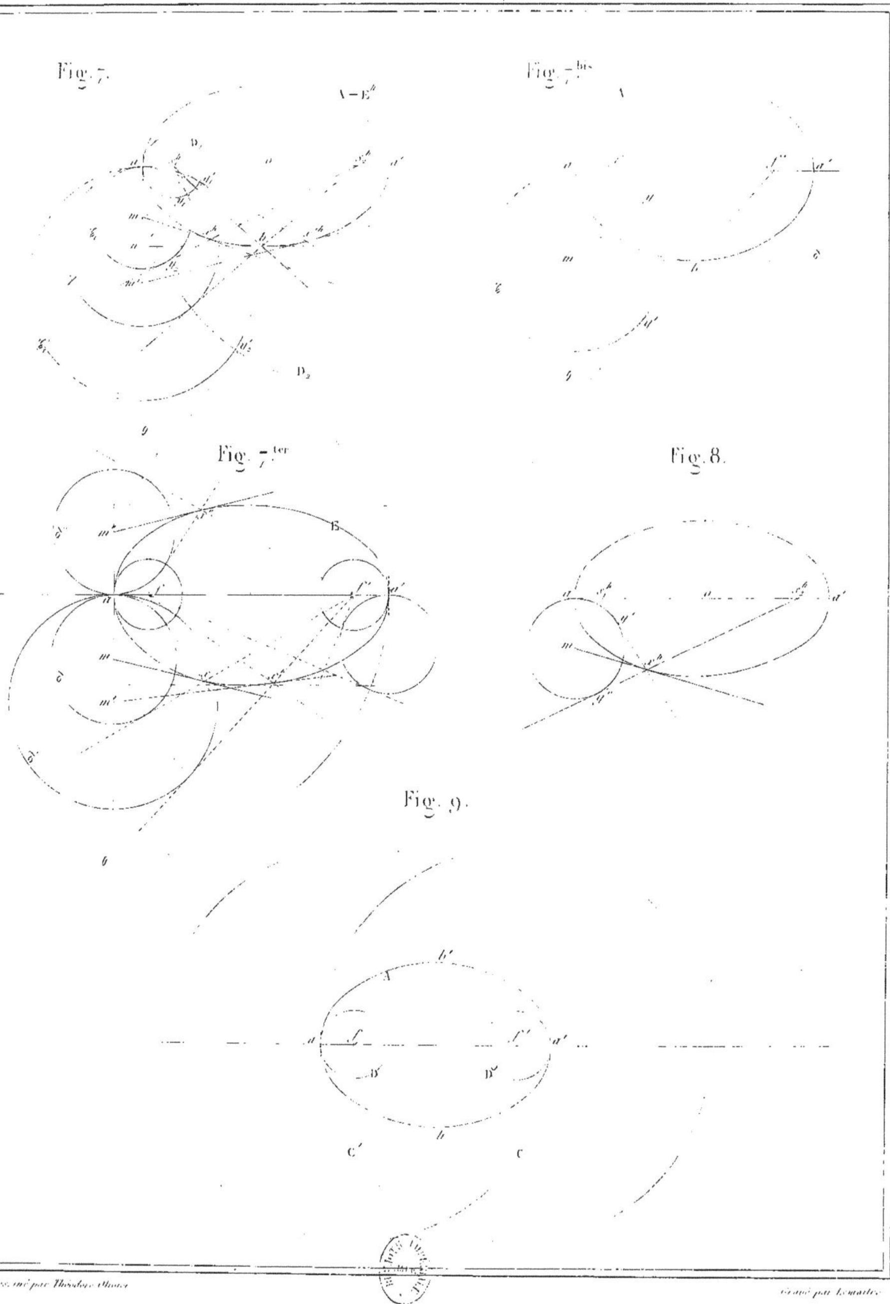

...iné par Théodore Olivier
Gravé par Lemaître

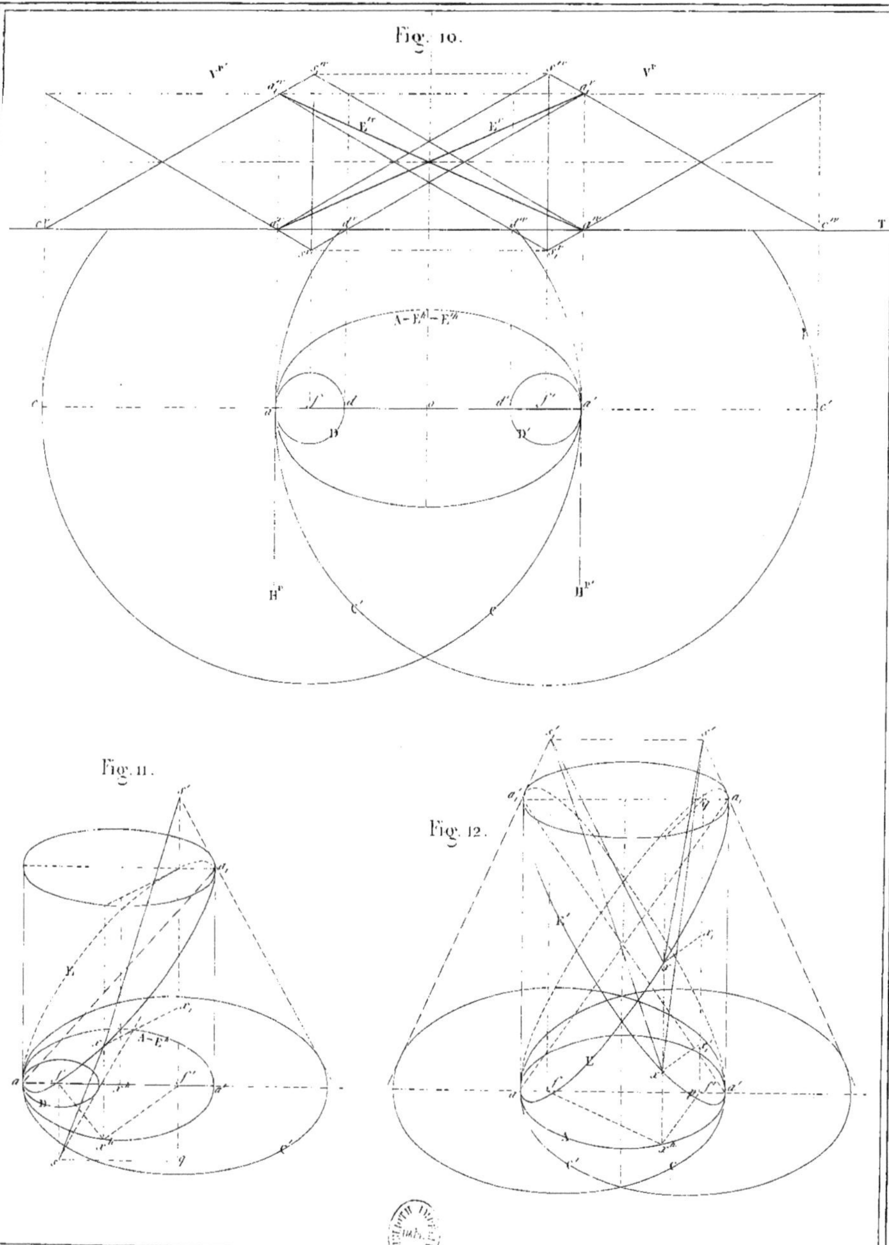

Fig. 10.

Fig. 11.

Fig. 12.

Dessiné par Théodore Olivier. Gravé par Lemaitre.

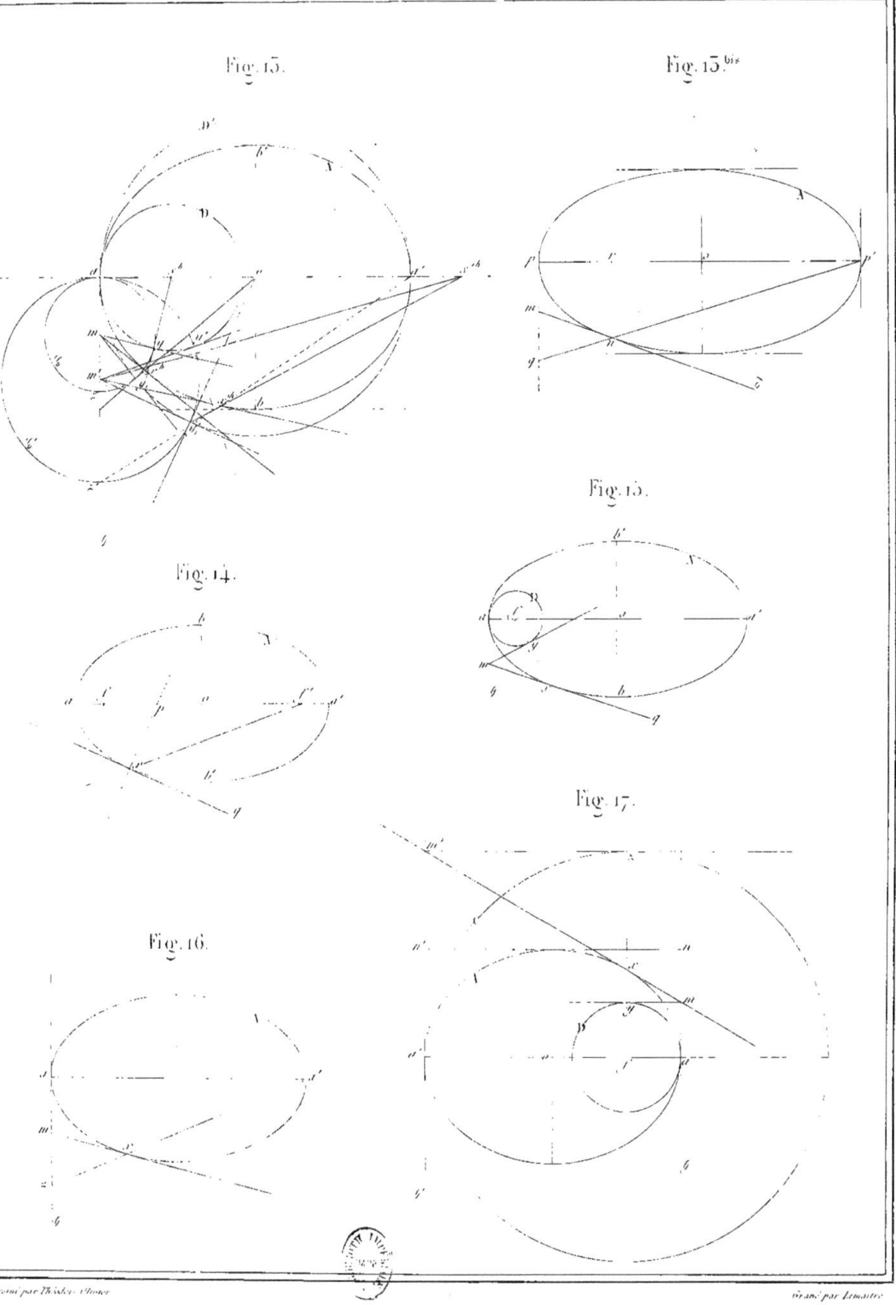

Dessiné par [illegible]
Gravé par Lemaître

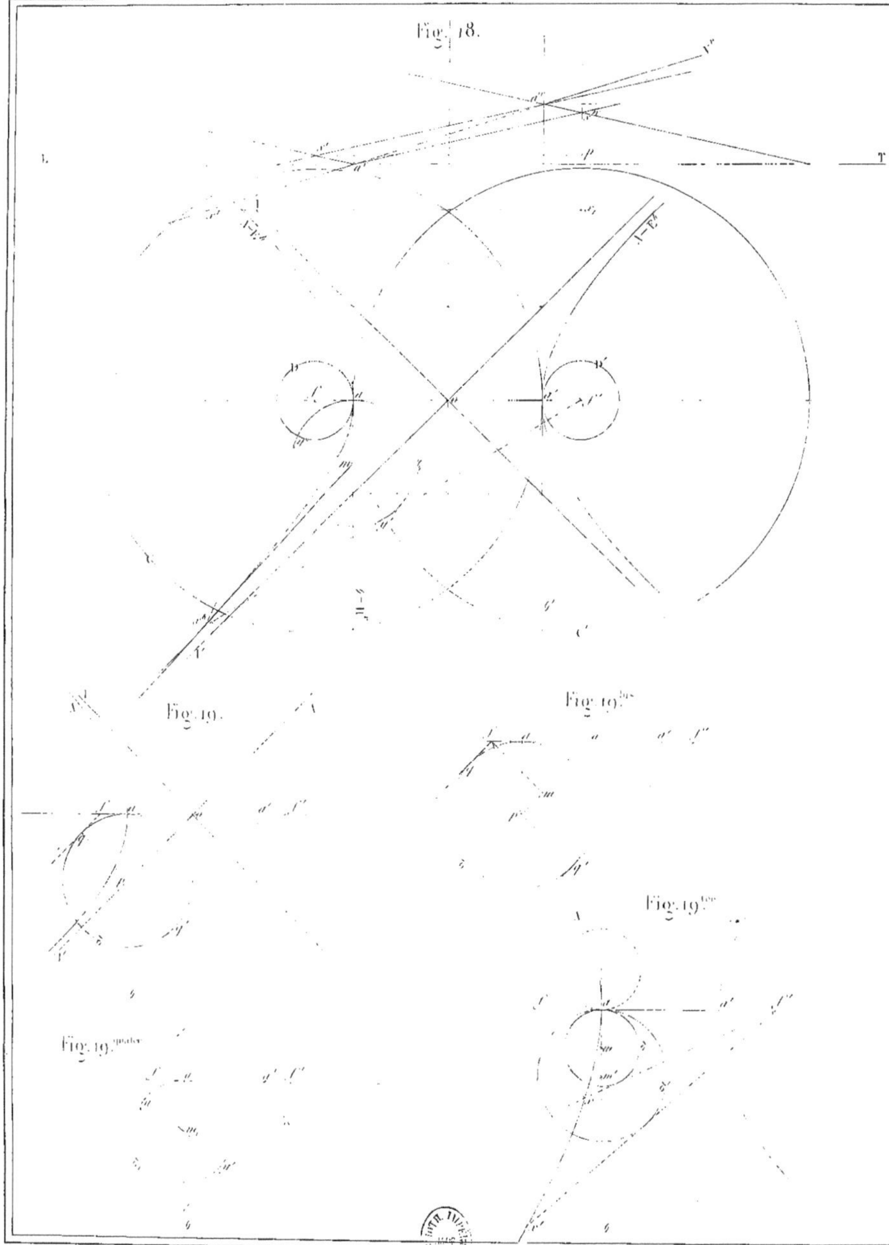

Dessiné par Théodore Olivier. Gravé par Lemaître

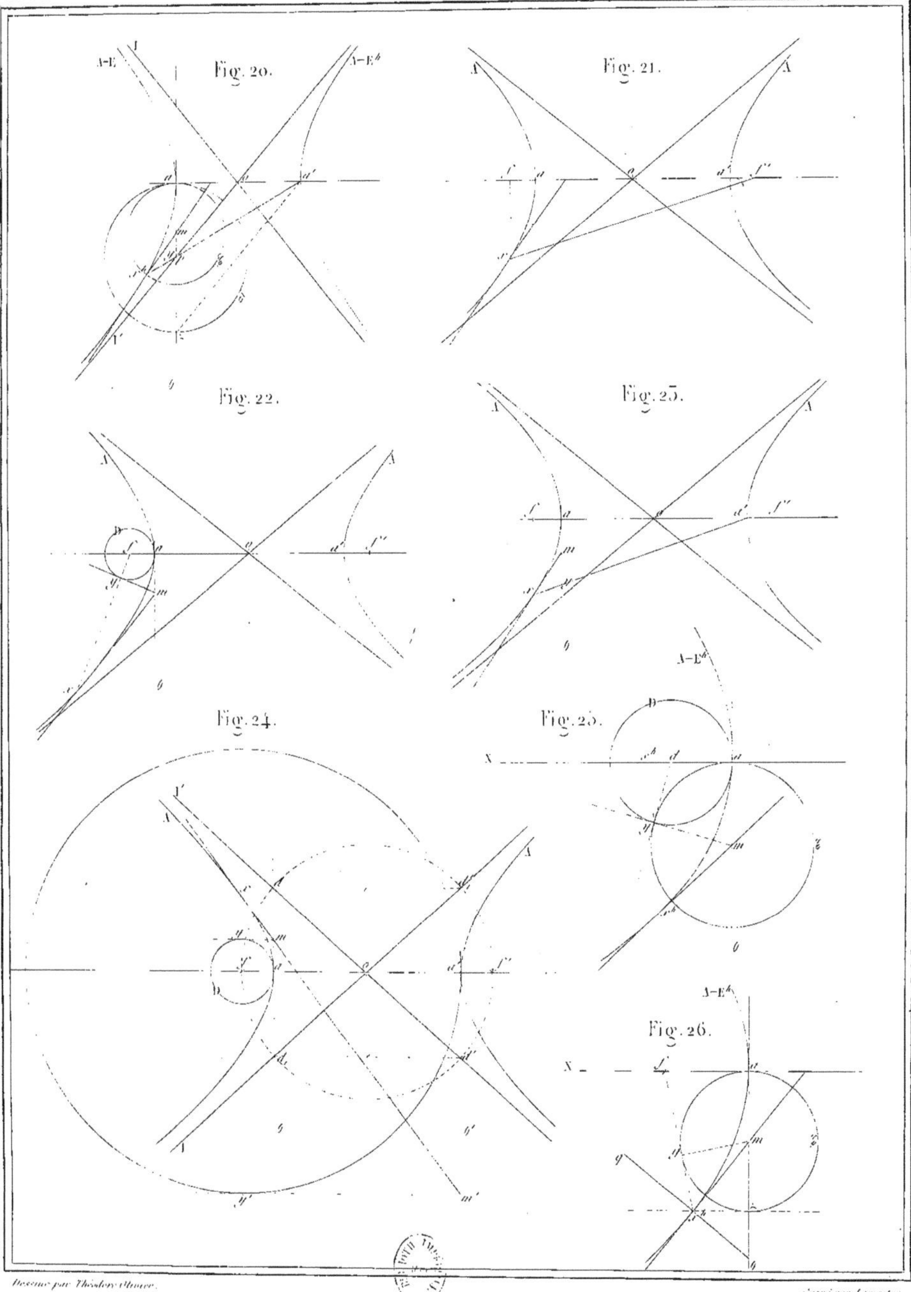

Dessiné par Théodore Olivier. Gravé par Lemaître

COURS DE GÉOMÉTRIE DESCRIPTIVE.

ADDITIONS.

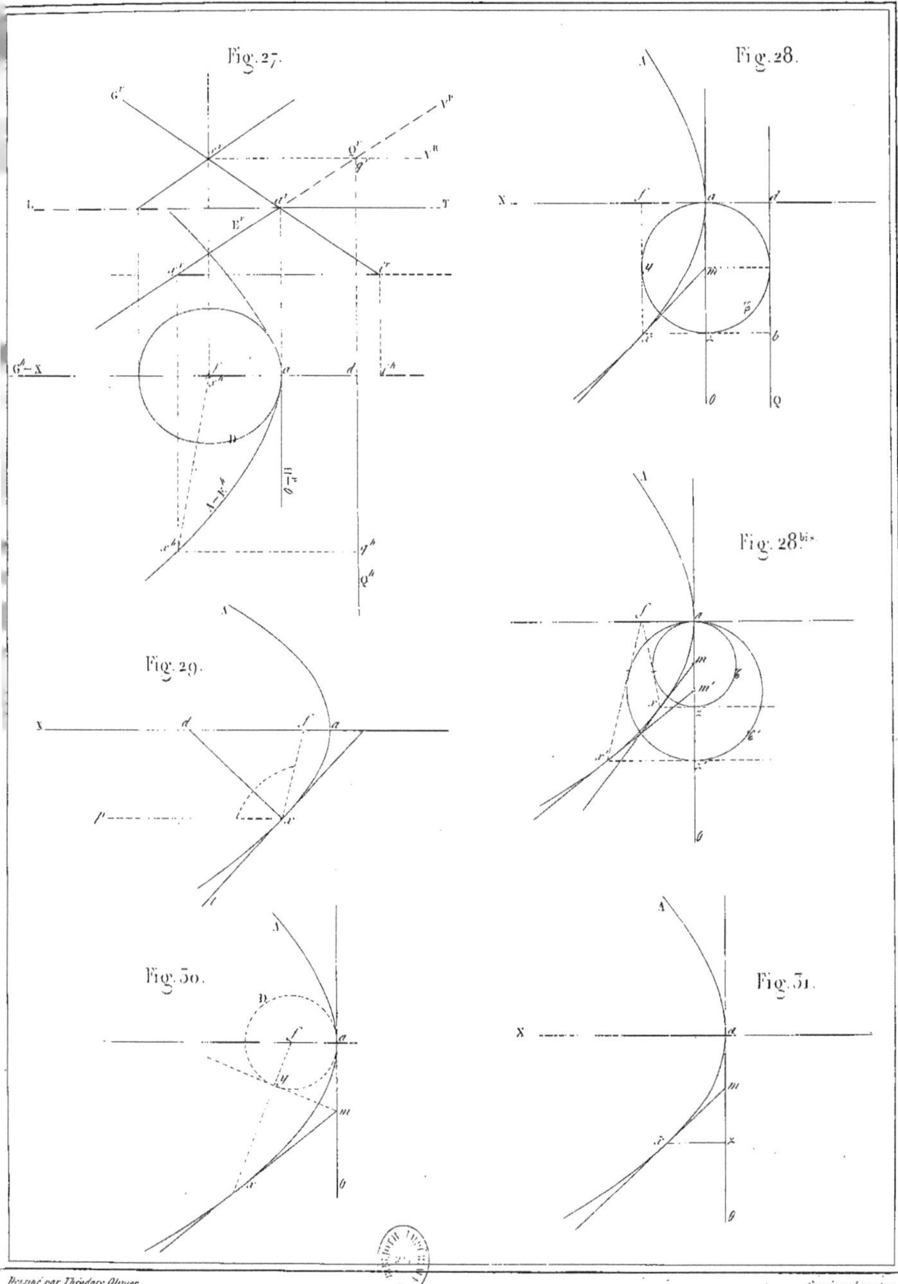

Dessiné par Théodore Olivier

Gravé par Lemaitre.

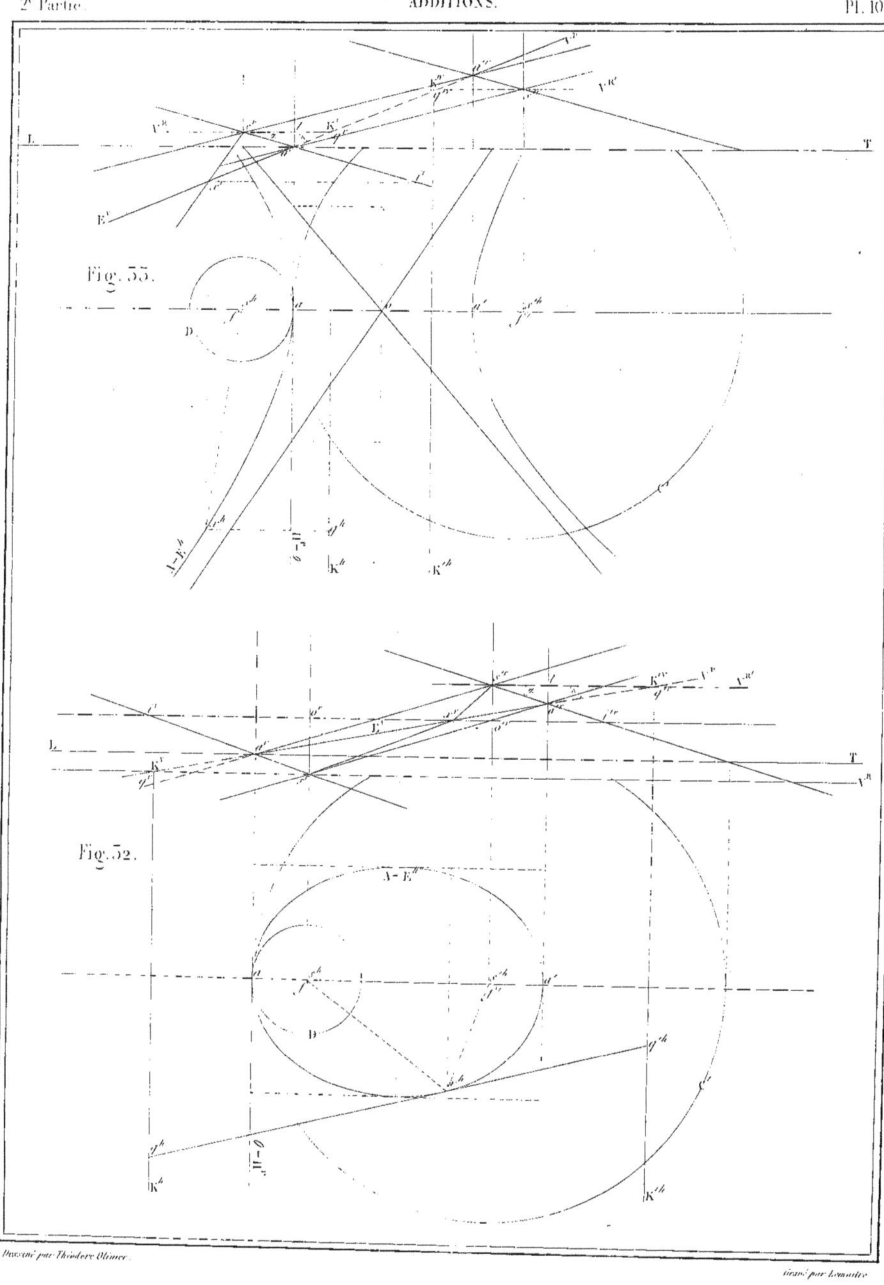

Dessiné par Théodore Olivier. Gravé par Lemaître

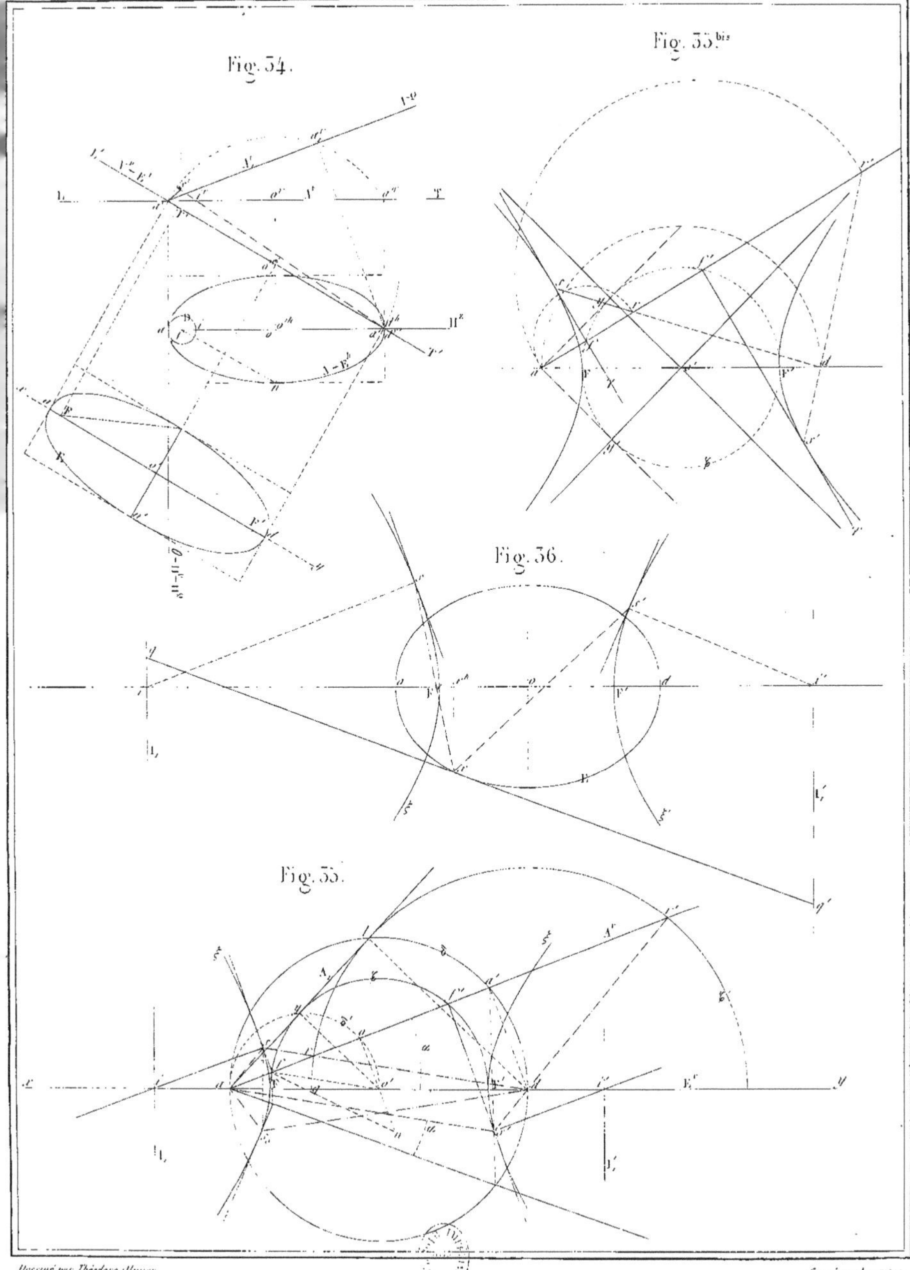

Dessiné par Théodore Olivier. Gravé par Lemaitre.

Fig. 37.

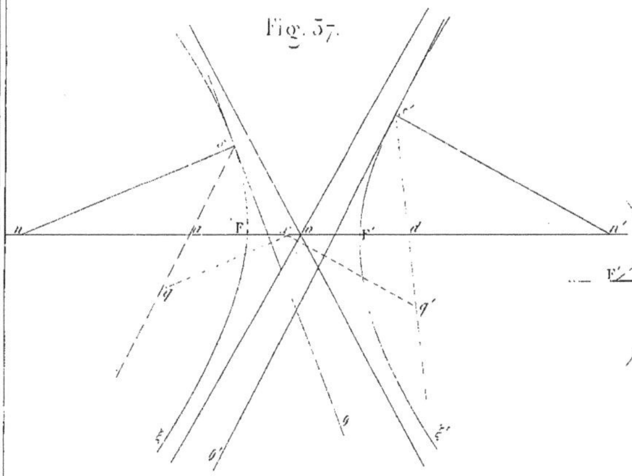

Fig. 38.

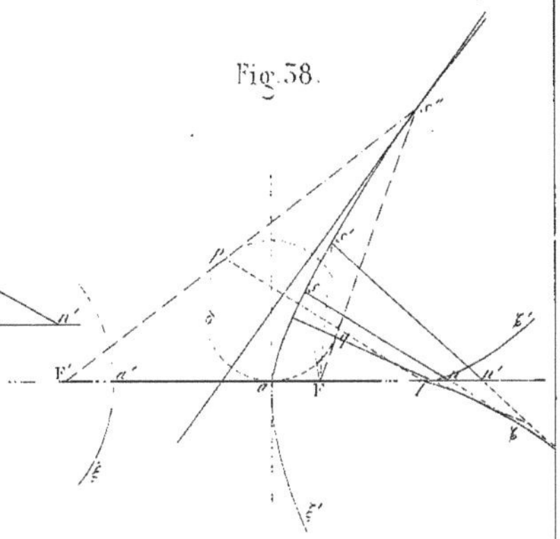

Fig. 39.

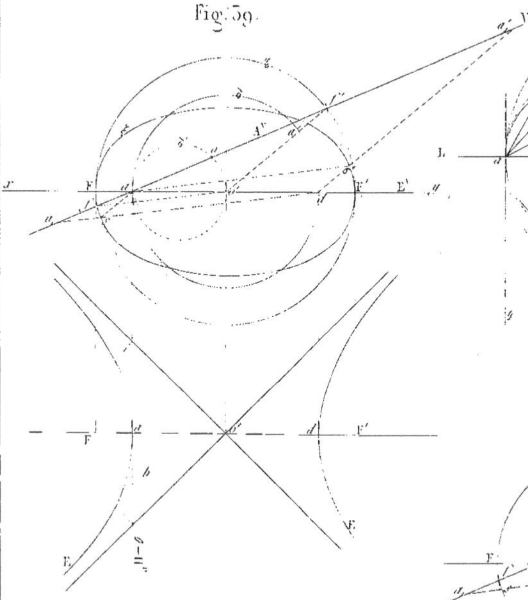

Fig. 39.bis

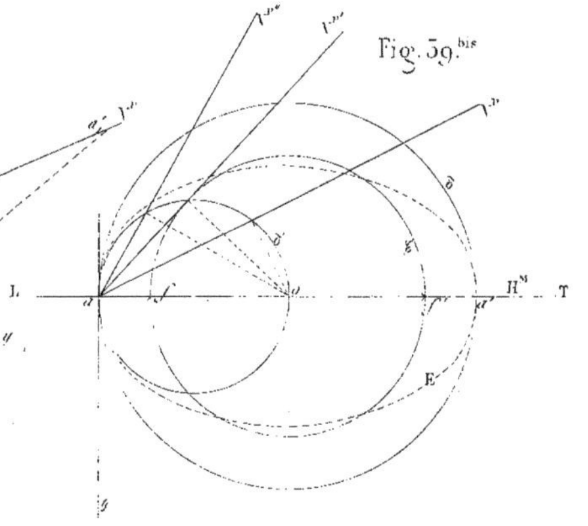

Fig. 39.ter

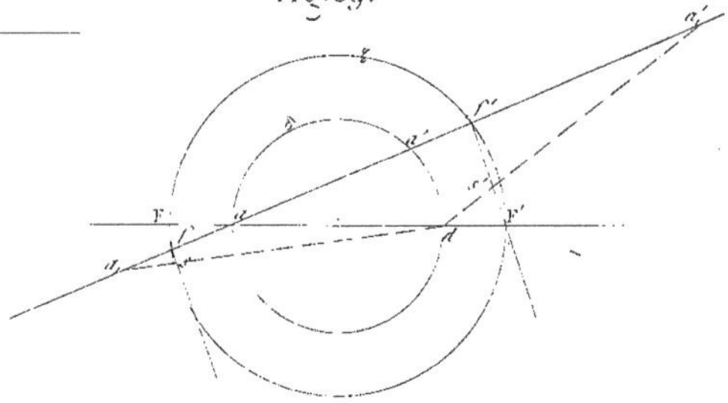

Dessiné par Théodore Olivier   Gravé par Lemaître

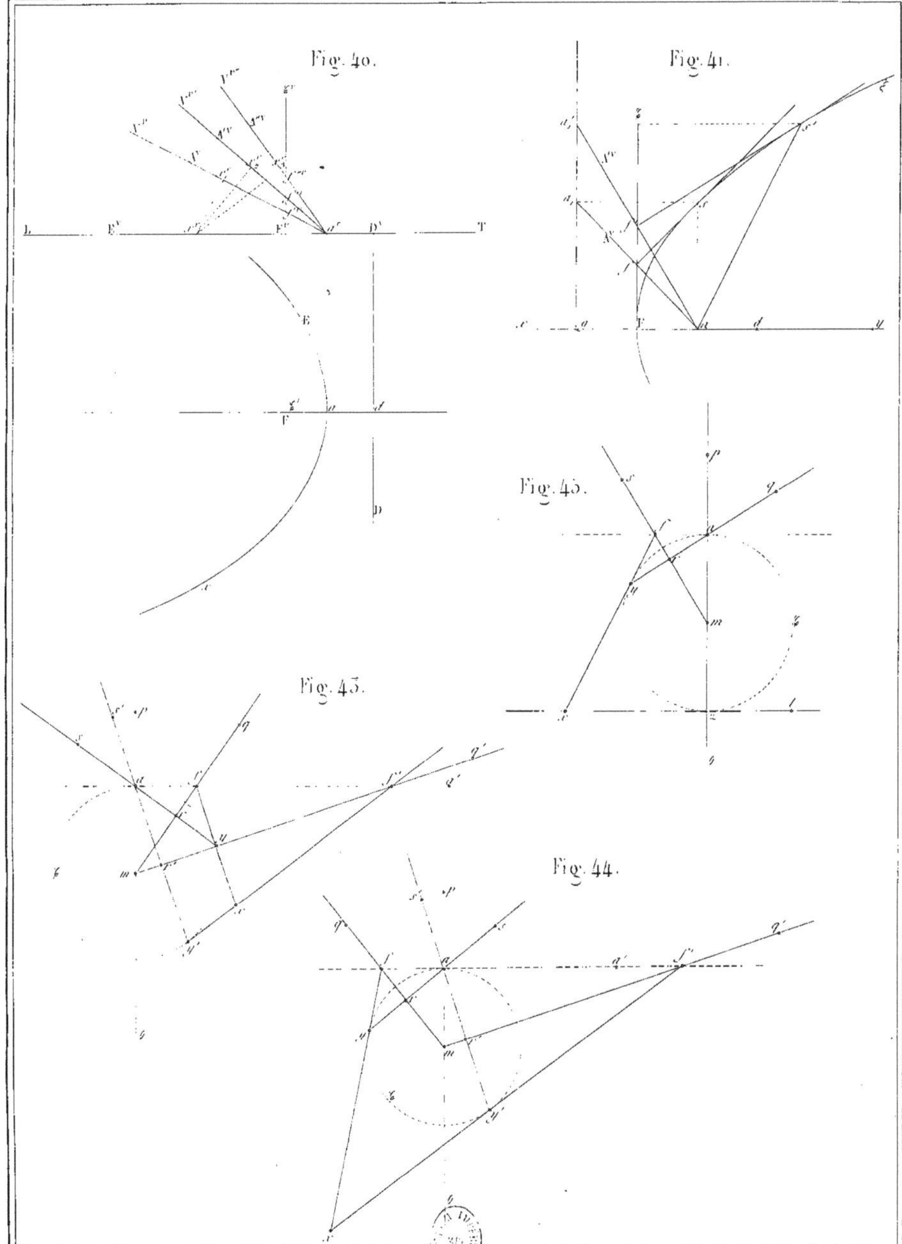

Dessiné par Théodore Olivier
Gravé par Lemaître

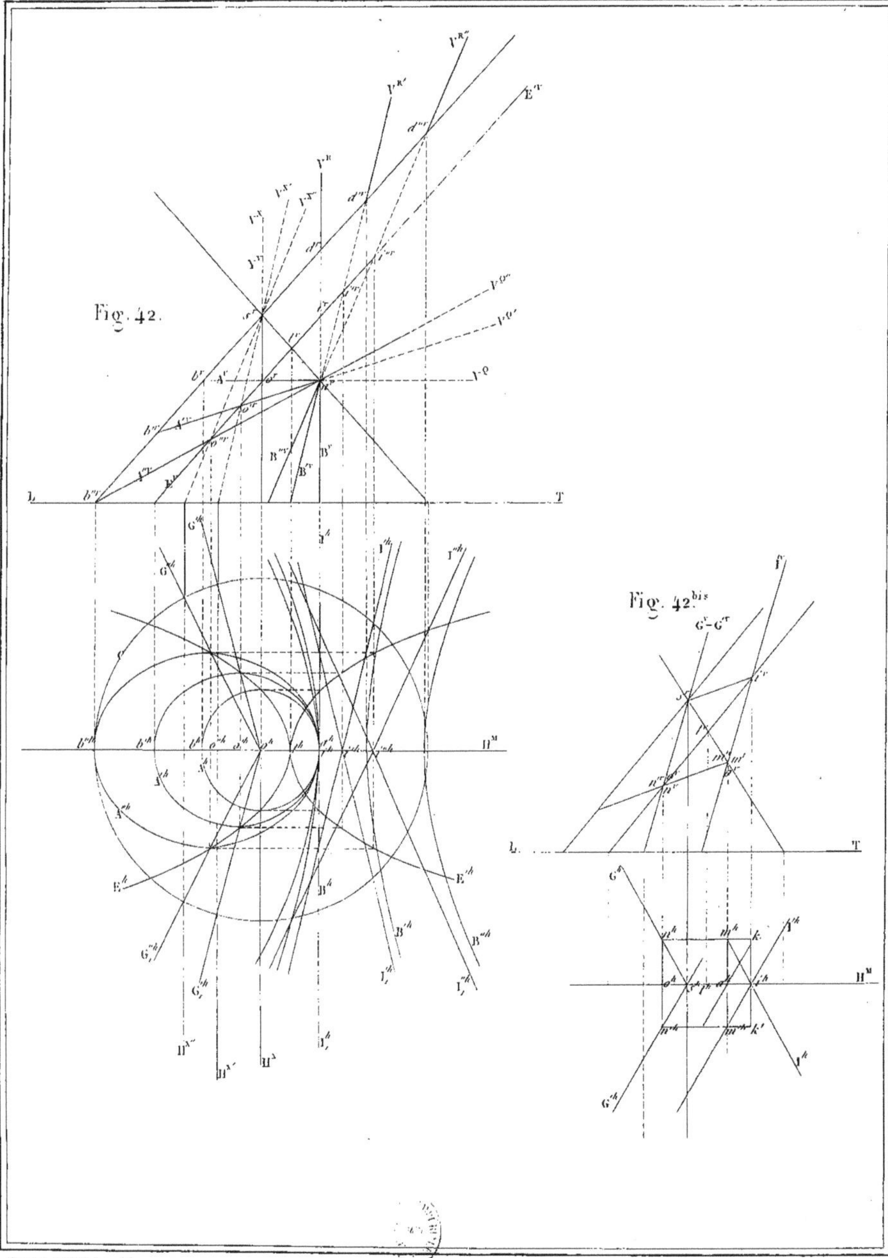

Dessiné par Théodore Olivier

Gravé par Lemaître

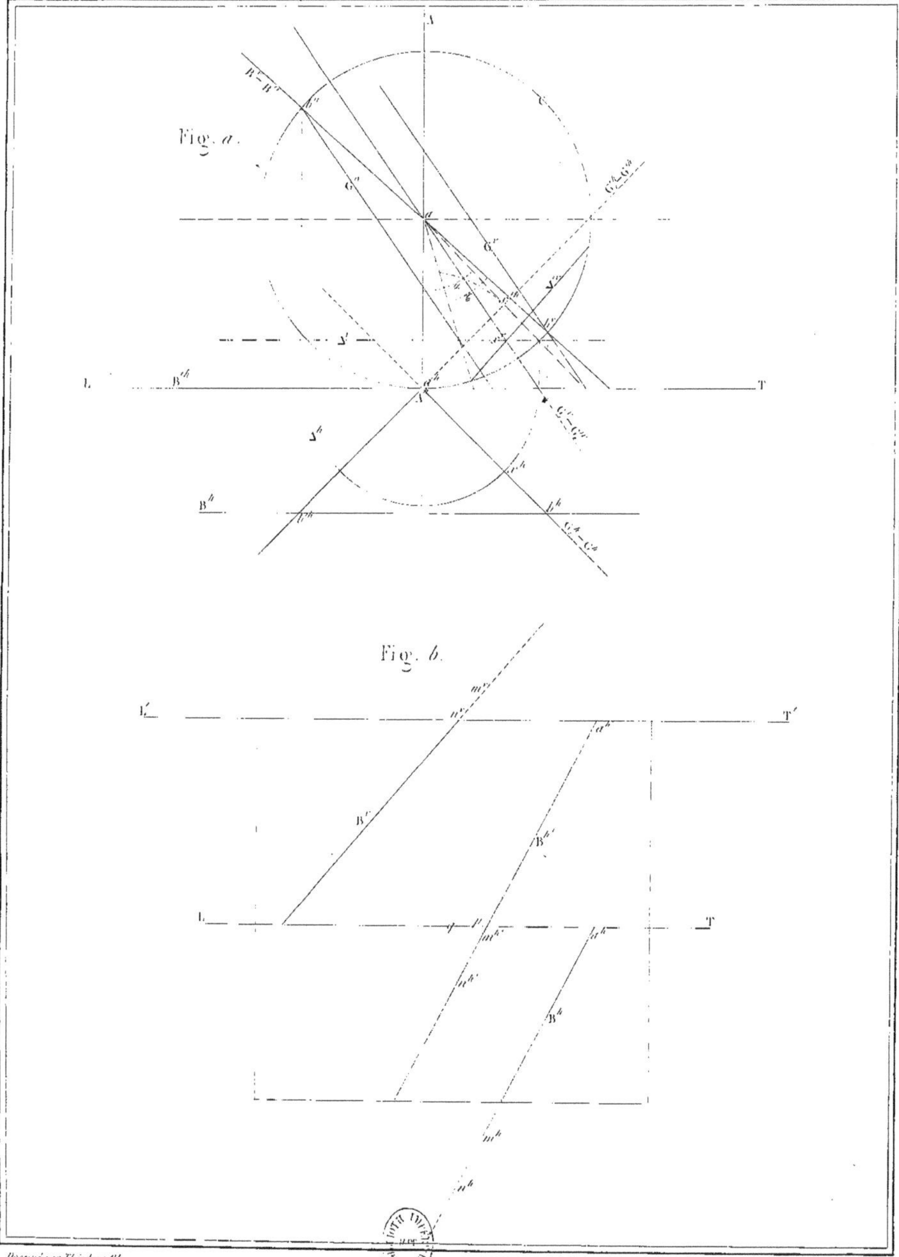

Dessiné par Théodore Olivier
Gravé par Lemaître.

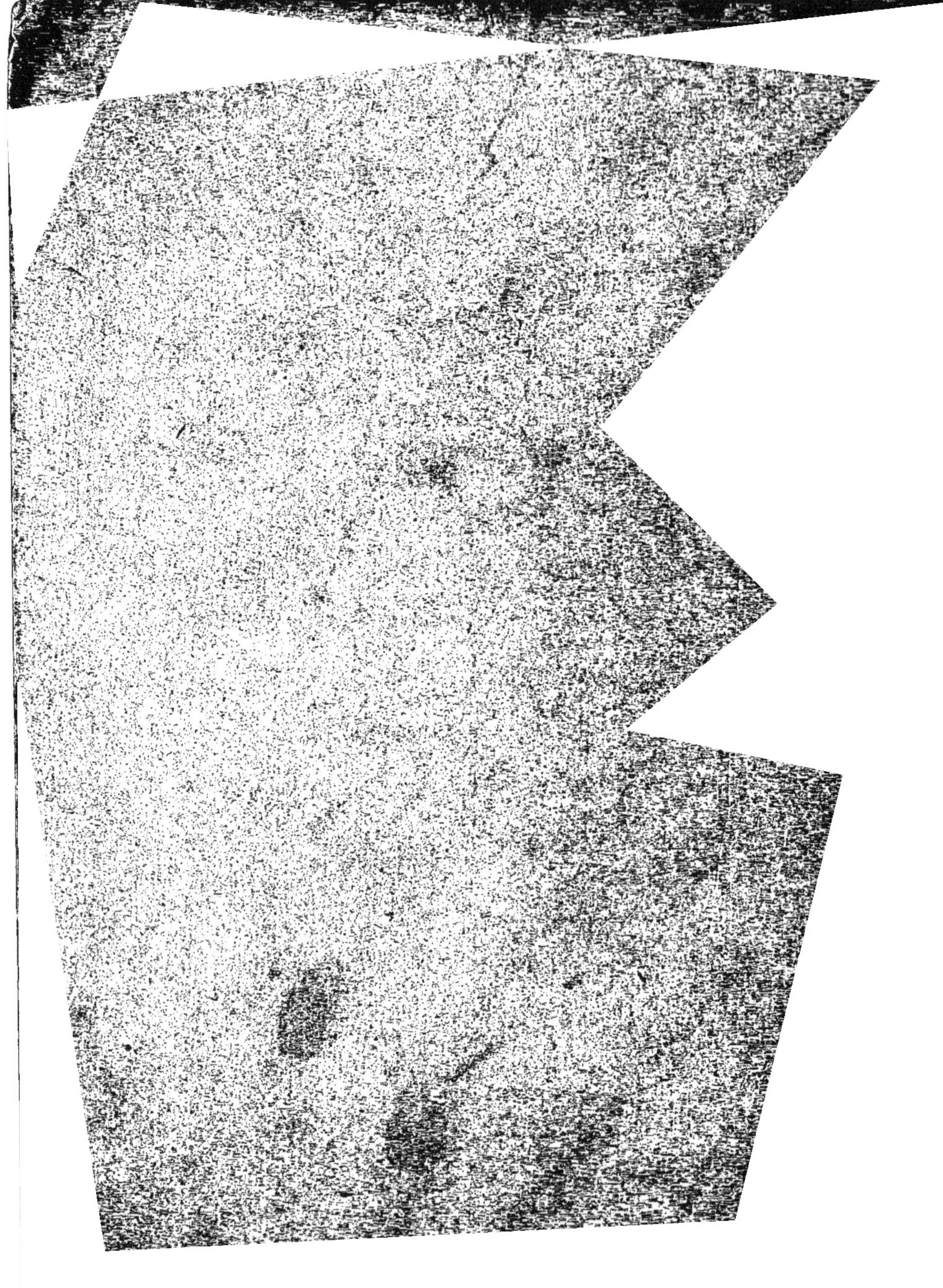

www.ingramcontent.com/pod-product-compliance
Ingram Content Group UK Ltd.
Pitfield, Milton Keynes, MK11 3LW, UK
UKHW012039240726
13965UKWH00003B/911

9 782013 372718